源于中国的现代景观设计

体验设计
重塑绿水青山

RURAL REVITALIZATION
THROUGH EXPERIENTIAL
DESIGN

——乡村振兴方法论、案例
分析与实验田

METHODOLOGY, CASE STUDIES & DEMO
FIELDS

俞昌斌 著

机械工业出版社
CHINA MACHINE PRESS

本书聚焦乡村振兴，分为三个部分。第一部分讨论了用体验设计进行乡村振兴工作的方法论，分为十个步骤。第二部分以自然景观体验、历史文化体验、产业体验及生活场景体验四种类型，研究了18个国际乡村小镇的案例。第三部分以作者主持设计和实施的两个获得国际奖项的乡村案例，来详细讲解体验设计的实践过程。本书适合关注乡村发展的人士阅读，包括全国各个乡村城镇的政府管理部门、乡村经营者、爱好乡村、田园及民宿的设计师、高校师生及普通民众。

图书在版编目（CIP）数据

体验设计重塑绿水青山：乡村振兴方法论、案例分析与实验田/俞昌斌著.—北京：机械工业出版社，2021.5
ISBN 978-7-111-67840-3

Ⅰ.①体… Ⅱ.①俞… Ⅲ.①乡村规划—研究—中国 Ⅳ.①TU982.29

中国版本图书馆CIP数据核字（2021）第053859号

机械工业出版社（北京市百万庄大街22号 邮政编码100037）
策划编辑：时 颂 责任编辑：何文军 时 颂
责任校对：炊小云 封面设计：张 静
责任印制：孙 炜
北京利丰雅高长城印刷有限公司印刷
2021年5月第1版第1次印刷
148mm×210mm·12印张·2插页·353千字
标准书号：ISBN 978-7-111-67840-3
定价：119.00元

电话服务 网络服务
客服电话：010-88361066 机 工 官 网：www.cmpbook.com
010-88379833 机 工 官 博：weibo.com/cmp1952
010-68326294 金 书 网：www.golden-book.com
封底无防伪标均为盗版 机工教育服务网：www.cmpedu.com

前

言

（一）给乡村民众一个创新的工具

2016年，我出版了《体验设计唤醒乡土中国——莫干山乡村民宿实践范本》（以下简称《民宿》）一书。该书的意义不仅仅是介绍莫干山的12个民宿案例，而是通过这些案例为中国的乡村发展寻找到9种民宿开发模式，并通过"唤醒、重塑、复兴"三步走，最终使乡村复兴。时间一晃就到了2020年，我复读该书觉得只着重讨论了"唤醒"这一步骤，对"重塑、复兴"这两个阶段并没有重点阐述。当然，在五年前我并没有把后两个阶段想清楚，而这几年我一直思考乡村发展在"唤醒"之后该怎么办。我在《民宿》一书中提出："乡村民宿就好像一台台嵌入中国乡村的计算机终端，只有通过它们才能让乡村与城市真正地互联起来，才能给乡村带来活力。"但是，当前中国的乡村振兴不能只为城市小众人群服务，也不能脱离乡村经济的运行并与乡村老百姓无关。乡村振兴不应该仅以视觉美感作为衡量标准，而应该是以功能实用、价格低廉、可持续性发展为主要的评价原则。

我们希望创造的乡村模式，是在一个普通的乡村之中（是指普遍存在于中国各地的乡村环境）进行普通的传统建筑改造，根据各个乡村、各个家庭的经济状况不用投入大量的资金就能成为他们可以收益和盈利的起始点，真正提升乡村民众的生活水平和收入。我们的出发点是给乡村民众一个创新的工具，让他们可以学习并灵活使用。我们相信本书所写的体验设计方法论可以帮助全国广大的乡村民众。

（二）风景园林学科与乡村振兴、农业学科的融合与创新

1999年我从同济大学风景园林专业（原专业名称为：景园建筑专业）毕业，工作至今已经20多年了。在这段时间里，我写了一系列"源于中国的现代景观设计丛书"。从2010年出版的第一本《景观材料与细部》，到2012年出版的第二本《空间营造》，到2016年出版的第三本《民宿》，再到出版这本书，实际上是遵循了一个设计尺度从小到大、设计思考从微观到宏观的过程。

现在我一直在思索一个问题：风景园林学科如何从自身独特的角度介入乡村振兴，如何创造出新的、可持续的模式？风景园林专业不同于其他专业的优势在于：它是从自然和生命的角度，从以人为本的角度，从乡村和城市相融共生的角度，甚至从植物学、农业学的角度来看待乡村振兴的问题。而这些看问题的角度正好切中当前中国乡村振兴的核心要点，有可能找到一整套务实而有效的乡村振兴的工作体系。

（三）从乡聚公社到乡聚学社，再到学习型乡村

2016年，陈远和我决定创办乡聚公社，从风景园林设计、建筑设计、大众参与和自然教育等方面展开实验。"乡聚实验田"为我们探寻这个问题打开了一扇门，帮助我们重新定义在当今时代背景下"人与土地"新的关联性。我们认为，崇明乡聚实验田的实践就是要把乡村最普通的农田和农舍变成城市人真实的乡村生活体验。

我们想创造一种普遍存在于中国乡村的、可复制推广的模式，进行乡村循环体系的切片研究，这是乡聚公社的实验田已经实践四年并将长期实践下去的意义所在。根植于真正的乡村，以农业为产业的一群人和一片土地，通

过体验设计提升他们的价值。

整理和总结乡村的传统文化与农业资源（生产要素），用现代的语言重新塑造出来。如把乡村的农事活动与中国传统的二十四节气相结合，这是乡村的优势所在。如按每年二十四节气来循环的话，就不仅是一次活动，而是一系列持续性的活动。总之，城市是以人的聚集作为主要的发展方向，而乡村则是将土地与自然的力量放在第一位的。另外，也要重点考虑低成本、在地性地运用乡土材料，使用当地乡村所特有或数量众多的材料，而不是大量使用城市运输或工厂加工的工业化材料。

自下而上的模式——这种模式有着学术的自发性，欢迎所有热爱乡村并对乡村有着共同价值观的朋友，进行松散型、网络化的学术交流讨论，我们称之为"乡聚学社"。

学习型乡村——乡聚公社还可以与全国高校师生合作，成为乡村振兴的实践基地，通过一代代学生的"传、帮、带"，促进"产、学、研一体化"的发展。乡村民众自身也要不断地学习进步，鼓励乡村每一个人不论年纪大小都要力所能及地进行学习。乡村民众可以学习种植有机蔬菜和科学养殖，也可以学习企业管理和经营创业，总之有学习就一定会进步。而乡聚公社通过输出创意、实践和技能，帮助他们最终形成"乡聚公社/学社、高校师生/关注乡村的人、乡村民众"三位一体的学习型乡村。

（四）从体验设计方法论到国外案例分析，再到乡村实验田的实践

本书第一部分是体验设计的方法论，包括十个步骤。乡村现在的问题是缺少章法，谁都可以做，但谁也不知道该不该这么做，重点做什么，怎么做少花钱多办事、效果更好。所以，我们的研究聚焦在通过体验设计来重塑乡村的方法论上。方法论很重要，乡村振兴不仅需要实干，更需要方法论，并由方法论上升到经验总结的理论高度。这一套理论结合实践的体系是我们这些年来的摸索，也是需要不断迭代、试错和优化的实验，不成熟的地方敬请读者批评指正。

第二部分是以自然景观体验、历史文化体验、产业体验及生活场景体验四种类型，研究了18个国际乡村小镇的案例。这些国外的案例都是我亲自去考察过的，所有的照片基本都是由我拍摄的。应该说，这部分内容是我对自己20多年国外旅行考察的一次总结。还有好几个国外案例由于篇幅所限没有写进去，期待下一次本书修订的时候再补充和完善。值得一提的是，当前大多数出版物及网上推荐的国外乡村案例是以欧美、日本等发达国家的乡村及高大上的民宿为主的。而本书的案例更关注的是发展中国家的乡村，如尼泊尔、斯里兰卡、斐济等。因为他们的乡村与我国的乡村更类似，他们的自然、历史、文化甚至产业发展都有很多我们可以借鉴的地方。例如，斯里兰卡虽然是经济相对落后的发展中国家，但它被全球最权威的旅行指南《孤独星球》（Lonely Planet）评选为2019年度全球十大旅行国家第一名。所以，对这些国家的乡村案例进行研究很有必要。

第三部分以我主持的两个荣获英国皇家风景园林学会之西尔维亚•克罗夫人杰出国际贡献奖（Dame Sylvia Crowe Award for Outstanding International Contribution to People, Place and Nature, Landscape Institute Awards, UK）的实践项目进行阐述。相关照片都由专业摄影师拍摄，图纸由专业设计师绘制，相关案例的说明文字、思维导图及图表丰富，很有参考价值和示范意义。

本书所有未署名的照片均为笔者拍摄，部分内容和数据参考相关官网。

（五）本书适合关注乡村发展的阅读者

全国各个乡村城镇的政府部门领导及行政管理人员，可通过本书来进行乡村规划、管理及建设工作，并能从专业角度落地实施，有效地运营管理乡村。乡村经营者、参与者等，如民宿主、开办企业者，可以是乡村人，也可以是看好乡村未来发展的城市人。这些有志于开发乡村的投资人、创业者、开发公司及资本投入方，可通过本书了解乡村投资创业有哪些机遇和陷阱，使投资得到应有的回报。设计师群体，如投身于乡村建设的建筑师、室内设计师、风景园林师等，可参考本书关于乡村项目的投资、管理、经营、设计及施工等的相关内容。相关专业的高校老师及学生，可通过本书来学习在乡村建设中运用体验设计的理念、步骤及方法，了解体验经济与体验设计，以便将来更好地投入乡村振兴建设的洪流之中。另外，喜欢到乡村来住、来玩的城市游客，爱好乡村、田园及民宿的普通民众，可通过本书更深刻地了解中国乃至全球的乡村发展。

最后，要感谢那些为本书的出版做出过贡献的人。首先要感谢我的家人，他们提出自己对乡村、农业的建议和理解，对我帮助很大。在本书的第二章国外案例中，要感谢考察旅行团队的成员，他们分别是张平、王卫东、董云等。在本书的第三章关于南京溧水区郭兴村·无想自然学校，我作为该项目的主持设计师，要感谢溧水区副区长张为真、溧水商贸旅游集团有限公司董事长郭斌、总经理刘昌红以及孔刚、胡军、余红芬、郑巧云、沈青明、吴帅等对我们的帮助。还要感谢易亚源境（Young Asian Scape Design）设计团队的参与设计师孙迪、毕宏超、王皓、罗仲娥、范永海，景观施工单位南京嘉盛景观建设有限公司及项目经理钱勇军先生。关于崇明的乡聚实验田，我作为该项目的主持设计师，要感谢崇明规划局的李舒副局长、建设村的刘军华书记等领导，房东宋汉忠、陈美娟夫妇，邻居顾施忠、吴爱华夫妇，倪俊、郁家俊、贾胜武、贾珍、王显浩、杨晓青、金笑辉、张庆、董垒、王远、夏银光、徐东良、韩旭、方腾飞、包坚华等许多对我们有所帮助的人。另外，2016~2019年参与乡聚实验田公益工作的朋友们的名单列于每次活动的文字末尾，也在此表示感谢。最后，要感谢机械工业出版社的时颂编辑及相关老师，他们一次次提出的修改意见让我更加明确了写作的方向。

俞昌斌

上海易亚源境（YoungAsianScape Design）创始人、首席设计师
美国风景园林师协会国际会员（Internional ASLA，No. 776049）
乡聚公社联合创始人
2020年10月于上海

目
录

前言

第一章

方法论

第一节 城乡、人与土地

（一）乡村与城市——二元互补、一体共生

城乡之间的关系，以上海市区与崇明岛乡村为例来简述。上海市区展现出强大的经济实力，而崇明岛则体现其绿色生态的自然环境、乡土而有传统文化的生活方式。两者二元互补、一体共生。应该说，在当代城市居民的心中，"乡村"是一个模糊的概念。"记得住乡愁"说的就是对乡村的回忆，是当代要振兴乡村的内驱动力。因此，一些城市人愿意到乡村度过一个周末，在乡村发发呆，看看农田，吃香喷喷的米饭、新鲜的蔬菜以及喝一碗乡下的土鸡汤，由此乡村逐渐涌现出一大批农家乐、民宿等服务设施。由此可见，乡村某些特有的元素正是城市人所需要的，而这就成为当前乡村振兴的机遇所在。

（二）人与土地

1. 人口在城乡之间流动，人才在城乡之间争夺

以乡聚团队对崇明岛乡村的田野调查来看，集约化农业大多是雇佣农业

产业工人来进行农业生产。他们对某个乡村很难有感情，也很少有消费，更难投入时间及精力来建设和发展该乡村。所以当他们一走，这个乡村也变成了空村。应该说，一座乡村的振兴必须依靠对该乡村有感情的本乡人和外来人共同建设，这样才能可持续地发展下去。

当人口在城乡之间自由流动之后，人们就会关心如下两个问题：

（1）如果鼓励人口从乡村到城市，乡村会变成空村吗？

（2）如果鼓励人口从城市到乡村，乡村会变成城市吗？

其一，人口自发从乡村到城市，如果政策鼓励的话，乡村会加速变成空村，集约化农业出现会提升农业的生产效率，但不能改变人口流失的状况；其二，人口自发从城市到乡村，开始去的人很少，而后越来越多的人看到其中的机遇，会逐渐加速投入乡村，这是一个缓慢演变的过程。如果乡村有好的鼓励政策，应该会有更多的城市人自愿投身乡村建设，那么乡村就能向好的方向发展。

另一方面，乡村与城市相比最缺的不是钱和资源，而是"人才"。具有多种能力的优质人才，正取代天然资源、交通及市场，成为城市与乡村共同追逐的核心资源。由于大量乡村的人才源源不断地被城市吸纳过去，乡村就荒了。因此，乡村要吸引离开的人才回归，也要吸引城市的人才来乡村发展。乡村要有"新乡绅"、要有"乡村创客"、要有"有情怀的城市下乡者"，整理为如下五种类型：

（1）在乡村长大，到城市去读书或打工的人，可以请他们回到乡村创业。

（2）城市创客，即那些愿意投身乡村的乡建事业、民宿餐饮、旅游业的经营者、农业爱好者等。

（3）城市学者，他们立志研究"乡村振兴"，可以从创新理念上对乡村提出建议和意见。

（4）媒体人士，他们通过拍摄照片、视频和文章的传播，会吸引大量的人流来乡村参观和旅游。

（5）艺术家，他们来到乡村成立画室或工作室，描绘乡村的美景。这样既成就了艺术家，又吸引了旅游的人流，形成好的口碑。

总之，只要是对乡村振兴有帮助的人，乡村都应该大力地吸纳他们。优秀的人才是乡村最稀缺的资源，也是乡村振兴最大的保障。

2. 乡村人的土地

这是城市人所没有的，也是大多数乡村人愿意回到乡下老家的原因。乡村的土地包括自有的耕地和宅基地。自有的耕地可以种水稻、小麦、蔬菜等粮食作物，而宅基地则用来翻新房子。为了保证粮食安全，中国18亿亩⊖耕地的红线是不能再减少的，而城乡总的建设用地指标肯定还是以供给城市为主，保证城镇化的进程，那么乡村的建设用地只能是有限度地、小规模地供给，这也对乡村振兴事业提出了更高的要求。

3. 将"二八法则"用于乡村发展

把乡村按地域性简单划分成"东部、中部和西部"是不科学的，因为中部和西部的乡村也存在明显的两极分化。有些乡村不可能发展起来，而另一些乡村却是很有发展前途的，如云贵地区的某些乡村具有很高的旅游开发价值，也已经获得了较大的经济效益。因此，乡村要有符合自身规律的发展路径，抓住乡村振兴的"领头羊"，采取优先发展的策略——把乡村最有价值的资源提炼出来并加以优化，是"点"带动"面"的发展模式。建议对乡村采用"二八法则"进行定位，分为"优良型、普通型、不合格型"三类，有针对性地进行乡村振兴。根据"二八"法则，在战略上将投入乡村的资金向20%的有发展前途的乡村倾斜，以保证这些乡村优先发展起来，产生良好的示范效应，如率先使用5G的乡村，发展共享经济、自由创业的乡村等，保证资金投入，为乡村的多样性发展提供优惠政策，吸引更多人才流入这些乡村。归根到底，人才的流入带来资金的流入，最终带动乡村的发展。

⊖ 1亩≈666.7平方米。

（三）小结

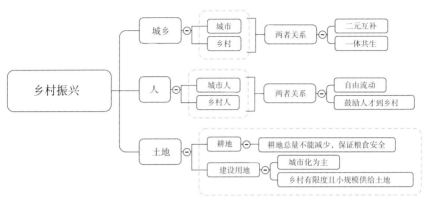

城乡、人及土地的关系

体验设计方法论

第二节 了解需求

（一）城市人对乡村的需求

（1）城市人在潜意识中有亲近土地的愿望。

（2）城市人到乡村缓解压力，寻找内心中的"桃花源"。

（3）城市人愿意帮助乡村的民众发家致富。

（二）需求有四种类型

1. 乡村管理者的需求

乡村的经济要发展，乡村民众要安居乐业，乡村的自然生态环境要好于城市，乡村要将中国优秀的传统文化延续和发扬光大。

2. 乡村民众的需求

大多数的乡村民众习惯生活在乡村的自然环境之中，有房有田，养鸡种菜，过着不同于城市的生活。其中有两种类型是比较特殊的，一种是年轻时从乡村到城市去打拼，退休后回乡村颐养天年；另一种是海归人士，适应了国外的乡村生活，也希望在国内乡村找到同样的感觉。

3. 乡村创业者的需求

通过在乡村进行产业投资而获得收益，如投资农业、畜牧业、养殖业等第一产业或者投资餐馆、民宿等第三产业。

4. 游客到乡村来的需求

大多数游客有到乡村旅游度假的需求，如住民宿、钓鱼、骑行等；儿童有参与体验自然的需求；美食者有购买新鲜食材、吃农家菜的需求。总之，游客来到乡村是对田园生活充满向往的。

（三）通过宏观、中观及微观三个层面的数据来了解需求

（1）从宏观层面上，研究国家出台的相关政策和趋势分析，并了解国际乡村发展的理论和案例。

（2）从中观层面上，研究所在城市周边的乡村，分析其发展方向。

（3）从微观层面上，研究同类人群的关注点，如某些互联网平台的话题讨论等。

（四）了解需求的目的

了解需求就能对乡村有更明确的定位，这样有助于寻找乡村的目标客户，乡村工作更有针对性。挖掘出需求之后，就要思考将这些有需求的人变成游客，产生消费或投资，导入到乡村之中。

第三节 明确定位

（一）明确定位的工作主要是发掘价值点

一个乡村如果找不到合适的定位，就不能突出自己的特色，也就无法从多个乡村的竞争之中脱颖而出。"明确定位"的工作主要是发掘价值点。

1. 乡村的地域特色是未被充分发掘出来的价值点

自然资源与乡村景观：乡村的自然环境是宝贵的资源。乡村周边的田野、山地、湖泊、森林要充分利用起来。到乡村旅游的人主要体验如下几点：颜色（一年四季的变化，春季为绿色，秋季为金黄色等）、气味（田野的味道、植物开花的香味等）和声音（鸟鸣声、昆虫叫声等）。如原有进村的泥泞小路不应该被改造成笔直的沥青马路，应该用更自然的改造方式（如碎石小路的方式）来保留乡村质朴的感觉。另外，可以通过增加乔木来形成乡村林荫小路的效果。

只有通过创新的方法，才能将乡村的劣势转化为优势。如中国台湾桃米村原来没有什么特色，于是他们将当地的青蛙变为独一无二的特色。又如上海崇明岛建设村没有山，没有水，只有一般农田，该怎么办？那也没问题，乡聚公社将农田变为特色，在农田中搞创新活动。

2. 乡村传统的历史与文化是重要的价值点

乡村和田园是中国人心中的"根"：可以在乡村中将老建筑进行功能微更新，如传统的古村落、老街、老建筑、老作坊等改造成民宿、餐厅、咖啡厅、茶馆、图书馆等，通过功能置换，让乡村增值。

将乡村的无形资产转化为有形的经济收益：发掘乡村传统的工艺工法（如制作纱布、丝绢、印染、竹编、食物加工等家传秘方），与当前的新技术结合起来，制作成有创意的新产品，销售给来乡村旅游的游客。

3. 大众参与是被忽视的价值点

在社会大众共同参与乡村振兴的浪潮中，"人"是乡村最有独特性的资源。如乡聚公社的口号是"有审美的乡村，有温度的欢聚"。崇明乡聚实验田这样的活动能获得国内外大众的关注，主要在于吸引城市和乡村的民众共同参与。

乡村的定位不应拘泥于专家提案评审的模式，而应该通过互联网让关注乡村的人都来献计献策。有些人并非设计师，但他们能看到乡村发展的新趋势。还可以到乡村社区里去，向乡村民众发出调查问卷。并邀请规划师、设计师与乡村民众一起面对面交流，开展头脑风暴会议。

（二）寻找适合乡村自身的定位

什么是"定位"？美国营销战略家杰克·特劳特和阿尔·里斯的《定位》一书写道："定位最新的定义是如何让你在潜在客户的心智中与众不同。定位的基本方法，不是去创造某种新的、不同的事物，而是去操控心智中已经存在的认知，去重组已经存在的关联认知。"

那么，一个乡村该找什么样的定位呢？我们需要通过定位调查表

（5W1H分析法）进行分析来找出适合该乡村的定位。

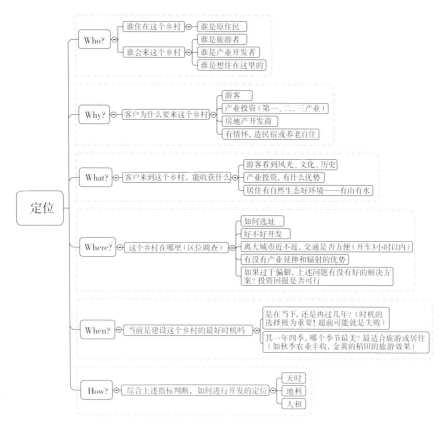

乡村定位调查表——5W1H分析法

（三）明确定位的方法

1. 关联定位法

通过该方法对标相关项目或关联不同品牌来思考乡村如何定位，如美国加州硅谷的乡村小镇群关联IT产业；英国剑桥、牛津的教育小镇关联世界一流名校；法国普罗旺斯乡村小镇关联薰衣草花田以及欧舒丹等著名化妆品品牌；挪威国家旅游路线旁的乡村关联大西洋及峡湾等壮丽风景；日本鹿儿岛雾岛乡村小镇关联历史悠久的温泉养生体验。总之，这些关联会让有兴趣的城市游客趋之若鹜，主动前来体验。不同的乡村可以关联在一起，展示出不同的定位，让游客发现区别之处，并逐个进行体验。如在杭州附近的几个乡村，德清的莫干山突出民宿度假旅游；安吉突出自身的竹海资源；富阳和桐庐靠近富春江，常以"富春山居图"来彰显其历史与文化；而临安则以靠近黄山、浙西大峡谷、徽杭古道为主要的旅游宣传卖点。总之，各个乡村各有不同的定位，又互相关联。

2. 用讲故事的方法来定位乡村

让人感动或难忘的故事会给乡村带来不一样的效果，这是冰冷的数据和图表所达不到的效果。用讲故事的方法来定位乡村的九大技巧及四类故事：

（1）相地选址是定位最重要的一步，也是挖掘出好故事的第一步。

（2）要针对不同的乡村，因地制宜地讲故事。用讲故事的方法，为乡村的开发者及村民描绘一张蓝图，展现未来成功的愿景。

（3）讲故事，先让该乡村的老百姓听得懂，知道怎么干，干好有什么效果。对方听懂了，故事才有效。阳春白雪的故事有时候不适合下里巴人，故事分寸的拿捏非常重要。要用乡村民众可体验、可感知的语言把要表达的想法传递给对方。

（4）给乡村管理者及村民讲故事，不需要用营销技巧，最有用的是用真情实感来打动他们。

（5）乡村故事的核心是什么？定位与爆点、体验设计及如何落地实施。

（6）故事要聚焦到人的身上——明确该乡村故事的主角是谁，对听故事的人有什么启发和价值。

（7）讲故事要注重逻辑推理。有了逻辑，就会分析得有理有据，也提升了可信度。

（8）要让听故事的人有场景体验感。需要明确该乡村的优劣势是什么，听故事的人想了解什么，然后因地制宜地创造体验。

（9）在讲故事的过程中，放弃常见或热门的定位，改选一些符合该乡村自身条件、但却是冷门的定位，反而可以起到出奇制胜的效果。

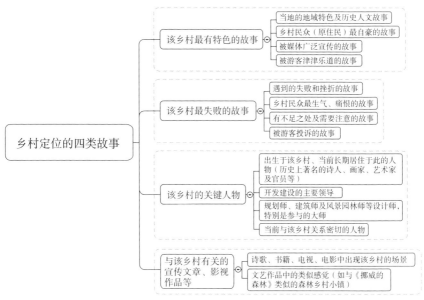

乡村定位的四类故事

3. 成为乡村细分市场的前三名

只有成为细分市场的前三名，乡村才可以生存下来，并有更大的上升空间和收益。那么，乡村的细分市场排名有如下四种方式：

（1）通过农产品的产值排名。

（2）通过旅游的游客人数和消费额排名。

（3）通过引入各种产业的数量和质量排名。

（4）通过媒体宣传的效果排名。

举例来说，如果一个乡村在细分市场上定位为创意产业及互联网企业的聚集地，它需要如下一个或几个条件：

（1）一线城市（北京、上海、广州、深圳）周边3小时以内车程的乡村，交通设施便利，有可能聚集这些产业。

（2）自然生态环境优美，有一项或几项条件很有特色，如有温泉资源（如南京汤山等）、可以滑雪（如北京周边的张家口等）、有新鲜而独具特色的食材（如阳澄湖大闸蟹等）、有江河湖海（如杭州西湖、无锡太湖）等。

（3）乡村具有历史文化特色，如水乡、古镇、老街等。可以对乡村的建筑进行微更新，把老房子"腾笼换鸟"，外观保持不变，内部改造为新的功能。

（4）相关产业是不需要太多面对面的功能，而以互联网方式运行的（如杭州为阿里巴巴配套的乡村IT产业小镇等）。产业负责人或员工的收入都达到了一定的水平，可以开车从城市到乡村上班。从业人员大多数喜欢乡村田园的氛围，适应在乡村工作与生活。

总之，乡村了解了在细分市场上需要哪些条件，就可以有针对性地打造这些硬件和软件，使之成为该细分市场前三名的有力竞争者。

（四）明确定位的意义

（1）**战略性**。明确定位是战略层面的工作，对乡村振兴非常重要，需要乡村管理者重点思考。

（2）**重要性**。乡村振兴涉及城乡规划层面上的工作，有些重要的乡村布局可能影响到周边大城市、省域之间的协调发展与平衡问题。

（3）**准确性**。通过定位思考，乡村管理者可以明确方向，少走弯路。

（4）**长期性**。乡村振兴是一个长期而艰苦的过程，其定位的实现可能要等5~10年，甚至更长。所以，明确乡村的定位也是判断该乡村是否要转型还是要坚持下去的依据所在。

第四节 聚焦爆点

（一）乡村常规的工作步骤

1. 进行头脑风暴

乡村管理者了解自身的问题和发展的目标，由小项目入手逐步扩大规模，邀请不同专业的人来参与头脑风暴会议，从不同的角度对乡村提出解决方案。

2. 研究对标项目

实地走访其他成功的乡村振兴对标项目，分析他们遇到哪些问题，如何解决这些问题，他们成功的关键是什么，有什么可以借鉴的地方。

3. 提出方案

根据头脑风暴，并结合对标项目的分析，提出对本乡村有针对性的方案。

4. 实施建设

大家通过上述的设计方案，开始实施建设，并在三到五年之间建设完成。

5. 评估成果

在工作一段时间之后（如以一年为周期），乡村管理者邀请相关团队来评估该乡村工作的成败得失，并推进流程与组织架构的改革与创新。

6. 运营管理

一个乡村的项目建设完成之后，需要运营管理，并通过传媒宣传推广，吸引城市的游客前来旅游，增加经济收益。

当然，上述这六个步骤是比较循规蹈矩的，建议加入一个关键步骤，即"聚焦爆点"。

（二）乡村聚焦爆点的五大内容

（1）**鼓励乡村提炼出地域性文化**，如生活环境、生活方式及经济生产中的特色。发掘某个形象成为爆点，创立该乡村独有的形象标志物，如前述的中国台湾桃米村就是以青蛙的形象作为爆点的。

（2）**从乡村传统的历史文化中提取爆点**。悠久的历史无法被人夺走，后人可以靠着历史传说故事来发展旅游经济。

（3）**体验经济成为爆点**，乡村成为对外交流的平台，因此要着重发掘乡村的体验性。以上海崇明岛为例，它完全可以变成国际化的旅游岛，吸引大量在上海工作的、喜欢田园生活的外国人来体验。

（4）**环保成为爆点**。从环保及可持续发展的角度思考乡村对民众的贡献，这是一个值得挖掘的价值点。还是以崇明岛为例，该岛的乡村生产安全、卫生的有机食品，如大米、蔬菜、鸡肉、羊肉等，吸引大量的上海市民前往采购。又如崇明岛规划打造全岛零碳排放的交通模式，汽油车上岛之后转换为电动汽车在全岛行驶，这也是极具爆点的乡村特色。

（5）乡村与互联网结合成为爆点。乡村应该尽快创建5G网络，让乡村成为新潮、时尚的地方。如崇明岛大面积推广5G的落地和运营，积极争取上海的"创客"（移动办公者）投入到乡村。这些年轻、新锐的人才在田园氛围中利用5G互联网办公，三五年之后将创造出中国"乡村版的硅谷"。

（三）聚焦爆点的六大原则

1. 乡村的爆点来源于创新

营造爆点最重要的是要有想象力和创造力，并不一定需要花费大量的成本和资源。而由爆点所带来的影响力，对乡村而言是巨大的社会效益。以Airbnb为例，它让城市或乡村的人把自己的房子拿出一二间作为游客到此地旅游临时居住的客房，给游客带来不一样的体验，也给主人带来额外的收益，这就是创新所产生的爆点。

重点要因地制宜地进行创新。乡村的爆点，在中国太容易被复制了。很多乡村振兴的爆点要有地域性的，只有根植于该乡村基地的特色，因地制宜地挖掘出爆点，才不会被全面复制。就算被广泛复制，原创的乡村案例反而会被大众所追捧，会更有口碑影响力。

2. 乡村的爆点需要"天时、地利与人和"共同起作用

乡村振兴需要在"天时、地利与人和" 这三大因素共同作用之下，才可能得到有价值的成果。"天时、地利与人和"包括如下五点需要关注的因素：

（1）乡村的社会凝聚力。

（2）与乡村民众的沟通，村民的参与度。

（3）乡村基础设施的完善。

（4）重新思考乡村的建筑、农田与风景资源。

（5）乡村传统文化、历史等地域特色。

3. 团队提升能力，才能触发引爆

（1）团队最重要的是要多沟通，形成共识，建立合作的关系，分析乡村历史遗留的问题，提出好的解决方案。交流包括倾听别人的故事、分享自己的理念、控制团队的情绪等。

（2）团队成员要齐心协力，才能取得成功，如梳理当前该乡村面对的重大问题，明确目标，制定乡村振兴的计划。

（3）经过头脑风暴之后，聚焦爆点的关键在于将大多数不切实际的构想剔除，只留下两三个最精彩的创意，最后选定一个方向，通过高效、合理的方法来深化实施与执行。

4. 选择适用于不同乡村的引爆方式

乡村的引爆方式很多，大致可以归纳为：**产业引爆、建筑设计引爆、城乡规划引爆、风景园林引爆及艺术设计引爆**等。产业引爆涉及的范畴太广，本书暂且不谈。

（1）城乡规划学科比较偏重于大型的尺度，可以提出全面的宏观创想和逻辑思路，但较难在某个具体节点上落地实施。

（2）建筑学科则擅长通过具体的建筑形体来落地，打造乡村的网红项目。如王澍设计的浙江杭州富阳文村改造、GAD设计的浙江杭州富阳东梓关村、张雷设计的浙江杭州桐庐雷宅、袁烽设计的四川崇州道明镇乡村社区服务中心竹里等一批网红的案例等。但是，不论是用单体建筑物还是建筑群来作为爆点，成本都相对较高，不是一般乡村所能承受的。

（3）笔者策划并实施的南京溧水区郭兴村无想自然学校及崇明乡聚实验田采用风景园林的学科经验，以低成本的方式来营造和举办活动，取得了较好的效果。这种方式可以推广到全国广大的乡村，甚至乡村民众可以自己动手建造，这是风景园林学科在乡村振兴方面的优势。

（4）艺术学科也是非常适合乡村振兴的方式，但艺术的模式随意性更大一些，更需要想象力和创造力，普通乡村较难把控。

所以，这几个相关学科应该结合起来，发挥各自的优势，共同为乡村振兴贡献力量。不要拘泥于传统的工作方式，团队要有开放性，要勇于改革。乡村可以通过设置一系列鼓励创新的措施，让外来的参与者放开手脚大胆干。

5. 颠覆式创新与微创新

全面颠覆式创新是非常困难的，这不是一两个乡村及创意团队就可以创作出来的，需要前述的"天时、地利与人和"三大因素、团队成员的灵感大爆发、强有力的执行力和领导的绝对支持这四大合力共同作用才有可能实现。能这样成功的乡村，在中国应该只有不到5%的概率。那么剩下的95%的乡村该如何创新呢？笔者认为应该以"微创新"为主。对大多数乡村来说，全面颠覆式创新的方式是存在较大难度的，而"微创新"则是一步步地解决乡村各种现实的问题。每解决一个实际的问题，乡村就能前进一步。这样从小处着手，就像企业研发产品一样通过"微创新"一步步迭代升级。

6. 要有快速的执行力，把乡村的不利点重新定义，变成爆点

爆点一旦构思出来就要尽快落实，否则很快会被其他乡村先实施出来。毕竟爆点不是高难度的科研技术，很容易被复制。因此，谁先把爆点建出来，将给该乡村带来完全不一样的品牌效应和经济效应。所以，提升执行力很重要，马上就做。如乡村的废弃作坊可以重新设计，改造成为文创、民宿、乡村创客基地等很有场景感的公共空间，成为吸引城市游客的场所。又如乡村集市也可以被重新定义，2018年崇明乡聚·稻田集市，在稻田中摆摊售卖农产品，就是一种很有趣的乡村场景，也是具有话题性的爆点。

（四）聚焦爆点的两个方法

1. 引爆捕捉法

以苹果公司（Apple，Inc.）为例，他们从价值观的高度对产品提出三个问题：

（1）本产品能帮助谁？

（2）它会不会让生活更美好？

（3）它有存在的价值吗？

从生产产品延伸到乡村振兴的工作，引爆捕捉法有如下三个步骤：

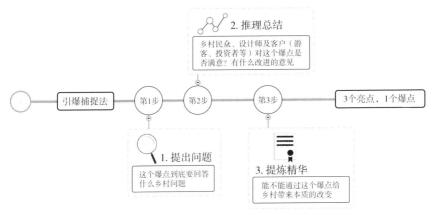

引爆捕捉法的三个步骤

使用引爆捕捉法的重点：

　　乡村振兴的相关团队成员或不同领域对乡村有兴趣的参与者们坐在一起开展头脑风暴讨论会，详细记述每个好的创意想法，可以写在白板上公开辩论。用联想、类比、隐喻等方法，将熟悉的事物通过转换角度变得陌生，让看似矛盾的概念融为一体，通过天马行空的想象力来对乡村进行创新的构想。如可以想象色彩、水果、乐器、歌曲与乡村的关系，甚至是帽子、围巾、手机等与乡村之间的关系。通过构思巧妙的故事情节，将上述关键词与乡村结合在一起，发掘出更多的乡村体验场景。这种方法可能不符合逻辑思维，但很多灵感就是这样突然间被激发出来的。

　　还有，通过对乡村已有的场景提出质疑并重新构思，从不同的角度来看同一个问题。如在白天和夜晚不同的时间段，通过声音和气味来分析乡村，感受游客情绪的变化，从而提出改变乡村现有问题的具体措施。设计师会体验到乡村的鸡鸭牛羊的气味、泥泞的乡间小路及简陋破败的农舍景象，也会体验到乡村的鸡鸭叫声、青蛙鼓噪声、悠扬的鸟鸣声、稻田丰收的芳香、蔬菜瓜果花卉的香味等，这些内容都会成为乡村爆点的素材与源泉。

2. 断舍离

《断离舍》一书简述的概念是：通过收拾物品来了解自己，整理自己内心的混沌，让人过上更舒适的生活。总之，断舍离的主角不是物品，而是自己的内心。断舍离提倡从"加法生活"转向"减法生活"。

我们能否通过断舍离来聚焦乡村振兴的爆点呢？

（1）在乡村聚焦爆点的时候，大家会头脑风暴出很多个价值点。其中大多数是平庸的，没有太大的亮点，建议砍掉。

（2）精选出一个关键点，是最适合该乡村的，即"爆点"，要重点打造。

（3）爆点是立足于该乡村的特色而产生的，需要通过"相地"来发现。"相地"就是设计师实地踏勘乡村并进行"SWOT分析"的过程。即使收集再多资料，没抓住关键问题，也是无效的。所以，要发现乡村核心的问题，找到关键性转变的方法，这就是爆点。

（4）如果某爆点看起来无效，应该迅速改变方向，不要一再坚持。当爆点进展顺利时，要再进行深挖，把爆点做得更加精彩。

聚焦爆点，通过引爆捕捉法与断舍离等方法能让乡村振兴抓住重点，分清主次与轻重缓急，才能从竞争中脱颖而出。

第五节
设置功能

（一）保持具有弹性和创新的乡村规划措施与流程

"功能"是"定位"的表现形式，确定了功能之后才能落实到空间层面上，通过空间营造、设计体验等方法最终呈现出来。

1. 乡村民众与城乡规划专家各自的不足之处

乡村民众了解当地的风土人情及地理环境，但因为没有城乡规划的理论基础，很难有一整套系统性的操作流程，缺乏规划设计的逻辑框架。

而城乡规划专家肯定更专业且更有远见，但他们存在的问题是：由于做过大量的乡村振兴规划，所以经常以标准化的模式通过单一角度或几个数据来判断乡村的问题，导致规划出来的方案大同小异，最后乡村投入大量资本建造，却缺乏爆点。

2. 多学科的协作与融合

乡村振兴要学会跳出思维定式来思考问题,并更深入了解乡村当地的实际情况。乡村振兴的专家团队不应该仅仅由城乡规划专业的从业者组成,还应该形成多元化的团队共同参与,如将乡村经济发展与人文历史相结合、乡村地理与城乡规划相结合、乡村交通与通信体系相结合、乡村土地使用效率与互联网大数据相结合等。通过不同学科互相跨界与交流,才能激发出有创意的乡村。

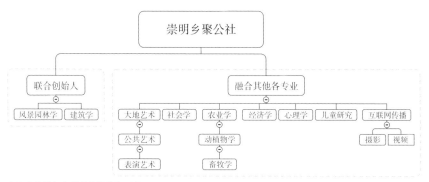

乡聚公社提倡多学科的协作与融合

3.乡村振兴所采用的新方式

当前乡村振兴的规划方式不希望再像以前老式的城市规划那样"纸上画画,墙上挂挂",而是需要类似"蜜蜂采蜜"的方式,更深入地贴近乡村民众(包括乡村的留守老人、儿童、田间地头的劳动者、返乡创业的城市人、乡村民宿主人等),运用互联网时代的语言与他们进行面对面的交流。**乡村规划的原则是:**"保持具有弹性和创新的规划措施与流程。"具体规划的对策有多种可能性,不应照搬城市规划的方法,要有想象力和激情。而由乡村振兴所产生的价值应该回馈给乡村和乡村的民众,让他们过上幸福生活。

对乡村进行规划设计的团队,一定是对乡村有感情的、也了解乡村生活的团队。乡村与城市存在着巨大的差异,如果一个乡村规划团队连水稻和小麦都区分不清，蔬菜品种也不太认识，很难想象他们能把乡村振兴作为一项崇高的事业和使命，最多不过是完成一项任务罢了。

未来乡村的规划形式不再是纯粹地画图，不用太过于专业性和技术化，也不必使用大量术语让乡村民众难以理解，而应强调参与性和体验性，让规划师与乡村民众一起协商共建。城市的学校教育要引导学生认识到乡村振兴对于中国整体发展的重大意义和价值。让孩子们从小就热爱乡村，意识到自己有责任改变乡村的面貌。这样城乡之间的交流越来越多，吸引城市人（特别是小朋友）来到乡村，乡村振兴事业就能一代代地延续下去。

乡村主要的属性有如下几点：地域性（在地文化性）、传统与现代的融合（文化、历史、经济）、可持续性等。特别重要的是文化多元性，因为中国西部或南部的某些乡村本身就是多民族混合的聚居区，如丽江、大理的纳西族，广西的壮族等，所以我们的乡村规划要尊重当地少数民族的文化传承，并与汉族文化互相融合，提升文化内涵。当前某些乡村已经成为外国人的聚居地，如莫干山裸心谷的创始人是南非人，广西桂林阳朔地区的乡村之中也居住着许多外国人。所以，世界各地的文化都有可能在中国的乡村杂糅混合，尊重、引导、融合这些文化并有所创新，将使乡村更加开放，也会使乡村具有更大的影响力，如印尼巴厘岛的乌布乡村就是最典型的文化多元性成功的范例。

着重于乡村公共的基础设施建设。乡村希望有更多的资本来投资，但是大多数资本认为投资乡村公共的基础设施（如图书馆、老人活动中心等）没有收益和回报，不愿意做，而大多希望购买乡村的建设用地变相搞房地产开发。这是乡村管理者要谨慎考虑的。公共的基础设施对乡村民众的意义重大，这才是真正提升乡村民众生活质量的措施，而房地产开发更多还是以城市资本营利为主要目的的。

在建筑形态上的整体把控。乡村的建筑不应像城市的建筑那样追求高大上，彰显自我个性，而是要低调，要有设计感，既融合于乡村的整体环境，细看又与乡村的普通建筑有所区别。

（二）乡村的七大功能

1. 农业功能——乡村最重要的功能是农业生产

全国各地的乡村最重要的功能是提供全国14亿人口的食物，食品安全是中国人民生活的基本保障及重中之重。但是，乡村农业生产最大的问题是规模的差异导致经济效益的差别明显。以崇明乡聚实验田为例（100亩农田中以2亩为实验田），平均每年每亩大概收成800斤大米，国家收购价为一斤1.2元（各地区的收购价格略有不同）。那么，一年种一季的话，乡聚公社一年的收入是1920元。这个收入里面要扣除请工人用机器插秧的工钱、打农药施化肥的工钱、收割机收割水稻的工钱等成本费用。这样扣下来，一年种2亩水稻田的纯收入也就是1000元左右。而如果是大规模的机械化农场种植100亩以上的农田，一年收入近10万元，各方面成本占比大幅缩小，对农场或个人来说还是有一定的收益的。

2. 产业功能——产业为乡村带来了经济腾飞的可能性

某一类产业在乡村的发展和集聚，必将给该乡村带来该产业的熟练工人和消费人流。乡村振兴的核心是通过功能的多样性带来人流和资金流。农业生产是乡村最主要的产业，而某些与农业生产无关的产业进入乡村形成产业小镇，要具体分析是什么产业，适不适合该乡村，会不会带来生态环境的污染与破坏。我们不是说产业小镇不行，而恰恰相反的是产业到乡村是一个非常重大的决策，一定要具体案例具体分析，慎重考评，集思广益，要把好的产业在乡村做精做强，而且还要保护好该乡村的生态环境。

3. 文旅功能——自然景观、历史文化的体验

对城市民众来说，到乡村旅游具有神秘感，也有历史、文化的基础，如桃花源这样的乡村场景和意境千百年流传下来，已经深入人心。而西方乡村如英国湖区及彼得兔的童话故事也是欧美乡村生活的文化象征，被广为

传播。

4. 居住功能——城市民众向往"采菊东篱下，悠然见南山"这样的生活方式

当前比较知名的居住类乡村小镇如杭州临安的蓝城桃李春风居住小镇。"桃李春风"是用中国文化中最经典的意象隐喻中式院落。宋代刘过《满江红·霜树啼鸦》词云："种春风、桃李满人间，知多少。"后被中国台湾作家三毛改写成《梦田》的歌词："每个人心里一亩田，每个人心里一个梦。用它来种什么？种桃种李种春风"。该乡村小镇的目标是打造"比城市更温暖、比乡村更文明的小镇"，小镇生活的营造准则是"众筹、共建、自治、分享"。

5. 商业功能——汇聚人气的土特产商店和集市

乡村的中心一般是汇聚人气的场所，我们称之为"乡村会客厅"。这里的商业是乡村最集中、最发达、最热闹的地方，可以买到很多乡村独有的东西，特别是土特产及乡土食材。

大多数乡村比较缺乏商业氛围，这是当前乡村与城市最大的区别之一。为什么乡村中缺乏商业设施呢？最主要的原因还是乡村民众的收入和消费力较低，大多都是留守老人，所以在乡村中的商业设施很难赚钱。但是，当乡村引入民宿等多种功能之后，住民宿的城市游客有消费购物的需求，他们会掏钱购买土特产（如米面、新鲜蔬菜、肉蛋奶等产品），这时候商业设施就有存在的必要了，也就有了收益。

另外，乡村的小摊贩使用装载货物的小推车，形成有趣而特殊的商业集市，类似于"摆地摊"：在早晨形成菜摊，在中午形成杂货摊，在晚上形成夜市、餐饮及广场舞等活动。应该说，集市的场景是激发多功能混合的有效方式。

集市应该怎么搞？

笔者研究了澳大利亚布里斯班市郊区的集市，有如下三点值得中国乡村借鉴：

（1）很多集市都是临时搭建在城市郊区的商业广场上，一早9点搭建起来，售卖到晚上6点拆除，再恢复广场原貌。这种临时性的集市为城郊紧张的用地赋予另一种功能。

（2）每个集市摊主都把自己的摊位布置得既紧凑又漂亮，让人很有购物欲望，这就是审美和设计的重要性。

（3）集市的商品普遍比市区的百货商店和超市便宜一点，特别是农产品都是乡村农场直销的，更安全、更新鲜、更优质，所以城市人都疯狂抢购。

6. 美食功能——民以食为天

民以食为天，乡村在吃方面有着很大的优势。乡村的米饭、蔬菜和肉蛋奶等都比城市新鲜，农村土灶烧出来的农家菜也好吃，越是乡土就越有特色，也越能吸引游客品尝。还有就是中餐西做，在烧法和摆盘上向西餐学习，有所创新。另外，开设咖啡、茶饮店不仅满足城市人的消费习惯，还给他们提供了休息和交流的场所。而乡村的餐馆该如何选址布局呢？主要还是分布在乡村的村庄居住区及民宿周边，交通要便捷，视觉引导性及可达性要强，便于乡村民众及城市游客消费。重点是要做出乡村特色，这样才会被口口相传。

7. 文体娱乐及学习功能——体验与城市不同的乡村生活

（1）博物馆、艺术馆、展览馆。展示乡村的农耕文化、物质及非物质文化遗产等，突出乡村特色。一个乡村图书馆对乡村振兴的价值和意义远高于一个同质化严重的民宿。这种公共设施没有太多的收益，但乡村管理者要鼓励和扶持这种功能场所，这不仅体现了精神文化层面的丰富性，也从功能多样性的规划层面对游客起到了至关重要的吸引作用，由此带动该区域整体民宿、餐饮等相关产业的收益。总之，这种公共设施对乡村的未来（特别是对乡村的精神内涵）有着深远的影响。

（2）**乡村电影院、茶馆酒吧及草坪音乐会。**乡村的文娱活动会带给本地民众以及城市游客特殊的生活体验，也是除了住民宿、吃农家菜之外的主要活动。

（3）**乡村的运动场馆。**体育运动如跑步、徒步、骑自行车、打篮球、踢足球、划船赛艇等都对当前乡村民众的生活有着补充作用，也是乡村康养功能的组成部分，同时也会吸引大量的城市游客来乡村参与体育运动、消费和游玩。

（4）**自然学校及各种工艺工坊营地。**乡村学习营地如建筑、园艺、农学、植物学等科研机构、民宿及学校等都可以举办，对学习者来说是难得的实践活动，对乡村民众来说则带来了旅游消费的人群，是双赢的。

（三）乡村要多功能混合使用及实验的方法

1. 乡村引入多功能混合使用的原因

《美国大城市的死与生》一书提出如下观点："城市中的首要功能有着重要的作用——例如在城市中的大型商品交易市场，顾客从各地蜂拥而至，带来了大量的人流和经济效益。然而，大多数城市花巨资建设的建筑物，效用却不大，空置在那里，根本没有人来。但是，如果这个建筑物结合了两种不同的功能，该建筑物就能发挥出更大的作用。"

当前中国许多乡村与该书描绘的美国城市相类似，改造工作基本都是把乡村修缮一新，但还是没有人来，对乡村的经济发展也没有什么帮助。深层次的原因是乡村缺乏多功能的混合使用。乡村也许暂时看上去变好看了，但是由于没有功能的多样性，很快就再次沉寂了下去。

2. 乡村做到多功能混合使用的方法

（1）**乡村不同人群的混合。**如到这个乡村来住民宿的客人在乡村里的某个餐馆吃饭喝茶，碰到来该乡村游玩的客人，又遇到在该乡村开公司的创业者、民宿主人以及做农业生产的经营者。于是，大家在乡村的同一个餐馆交流起来，变成了好朋友，以后在业务上也合作了起来，这就是有效的"多功能混合使用"的方式之一。

（2）乡村不同时段的多功能混合。在不同的时间段里有不同的游客使用相同的乡村设施。如白天是餐饮、文创商店、旅游玩乐，夜晚是逛夜市、乡村酒吧、餐馆晚餐、树林野餐、烛光晚餐、观星等丰富多彩的活动场所，还可以结合乡村的地域特色（如海边、山林、乡村农田等景观元素）。这样的乡村就会充满活力，吸引越来越多的城市游客。

（3）乡村不同业态的混合。如某乡村农田边的街道上开了一家书店、一家五金店、一家乡土菜馆、一家文创产品店、一家餐馆兼咖啡馆、一家民宿和一家摄影店，形成了不同业态的混合。这时候就能看到来该乡村的游客悠闲地逛着每一家小店，时不时买点小吃或工艺品，还不停地用手机拍照发朋友圈。而当地的乡村农民在田间地头劳作着，小店的主人和店员们跑进跑出地忙碌着。这种场景很有乡村生活的"烟火气息"，也会吸引更多的城市人来旅游。

3. 乡村可以通过民宿建设带来多功能的混合使用

可以由乡村管理者主导开发民宿，也可以由村民自发搞民宿。通过开发一两间民宿，会带动周边村民也开发民宿，或开展与民宿相配套的服务设施，如在民宿周边增加餐馆、茶馆、咖啡馆、文创商店、土特产店及小卖店等。通过民宿带动乡村功能的多样性，由此必将推动产业的升级、空间形态的变化、人及资金的流入，致使整个乡村逐渐活跃起来，恢复生机。**民宿就像置入乡村的一个个计算机终端，最终把乡村与乡村、乡村与城市的网络互联起来**，它的意义和价值在当代中国的乡村发展中十分重大。

（1）莫干山民宿对中国乡村的实验价值。

笔者所著的《民宿》一书提到了裸心谷、大乐之野、西坡及莫干山居图等共12个民宿，笔者认为莫干山这些不同类型的民宿对中国的乡村振兴具有实验价值。

裸心谷实际上并非民宿，其本质上是一个把乡村的自然山水围起来独享的酒店群。这里虽然雇用了一些当地的村民，但是它置身于乡村之外，从城市高收入的游客身上收取高额的酒店客房费及各种活动项目的消费。而游客只在酒店中享受，较少去附近的乡村体验，对周边乡村的经济贡献是微乎其微的。不过从另一个角度来看，它提升了整体莫干山地区的旅游品质和口碑，吸引了大量的游客来体验、相关领导来参观学习，这是它对莫干山乡村做出的贡献。

大乐之野、西坡等建在乡村之中的民宿，租用和改造村民的老房子，提升了村民的收入，对乡村经济是有帮助的。但是，一个民宿个体只能帮助周边的一两户村民，所以乡村应该引入更多的民宿和服务设施，才能帮助更多的乡村民众。

莫干山居图通过将乡村原有的公社礼堂改造为图书馆，丰富了村民和外来旅游者的精神世界。通过这种公益性、文化性、地域性的公共场所改造，给乡村民众带来了收入。相对于上述其他几个民宿案例，莫干山居图的图书馆这类公共设施对乡村的贡献更大。

应该说，乡村要感谢这些第一批在乡村开办民宿的人。这些人是乡村发展的带头人，他们敏锐地发现了乡村的机遇，大胆地投入资金、时间和精力，最终取得了成功。随着这些人的成功，一步步地带动更多的城市民众投身到乡村振兴的事业之中。

（2）为什么一个乡村里家家户户都开民宿，反而发展得不好？

当前中国乡村的现状是大家看到民宿的市场前景很好，就一拥而上，家家户户都把自己家的房子改造成民宿，品质不高，环境也很拥挤，造成游客审美疲劳，而且由于功能大多雷同，缺乏必要的配套服务设施。如果有人在民宿村中不做民宿，而是开餐馆、茶室、小卖店、文创店等，大家就能各自从不同的角度来赚钱。这也说明了只有功能混合，才不会浪费乡村中宝贵而有限的资源。

（3）民宿的同质化也是假日经济的假期同质化。

乡村民宿有效运营时间太短和低频消费是导致经营效益不佳的主要原因。乡村的经营活动（如民宿、餐饮、文创及土特产购买等）大多数只集中在每周的周末，周一到周五上午基本没有外来游客，周五下午到下周一上午是繁忙的接送客人的时间，民宿、餐馆等生意的好坏还要看附近是否有旅游景点、是否是旅游旺季、天气情况（如刮风下雨的雨季、持续高温的夏季及寒冷的冬季）等前提条件都对乡村的民宿带来很大的影响。可以看出来，乡村民宿受周末经济、假日经济的影响非常明显，这样很难保证其运营的可持续性以及经营团队的稳定性。总之，乡村需要通过对功能的设置来协调各个不同时间段里的人群，以求达到最大的经济效应。这是问题的核心，需要乡村管理者结合经济学、社会学等相关学科来共同解决。

还是以莫干山的民宿来举例说明，从裸心谷开始的2009~2019年十年之间，莫干山民宿从几家发展到现在的800多家，大大小小，层次差异很大，竞争白热化，客单价不断降低。而新的民宿还源源不断地开发出来，造成当地民宿市场供大于求。这时候是需要乡村的管理者进行宏观调控的，应该及时提高民宿行业的进入门槛，梳理规模、档次和特色，淘汰落后的民宿，保留和扶持高水平或有创意的民宿，并以这些民宿为抓手，把周边的餐饮等商业及服务业扶持起来。同时，抓住其他产业的导入进行转型，发现新的增长点，挖掘出新的功能，如开拓乡村博物馆、图书馆、影视园区、文创基地、农业采摘等产业，不断丰富乡村的多功能混合使用。随着民宿的投资不断升高，利润不断下降，民宿市场也通过"看不见的手"在不断地调整与淘汰，活下来的民宿的收益会逐渐平稳，但利润也越来越薄。

总之，乡村的管理者对乡村的发展方向要抓住如下四点：

（1）一个乡村中最主要的景点和民宿是这个乡村最重要的资源，其他的资源都以它们为中心进行有效的协作和配合。

（2）人流引入是核心要务。乡村需要在主要功能之外寻找其他的功能，至少在不同的时段里面可以吸引更多的人流来到乡村。

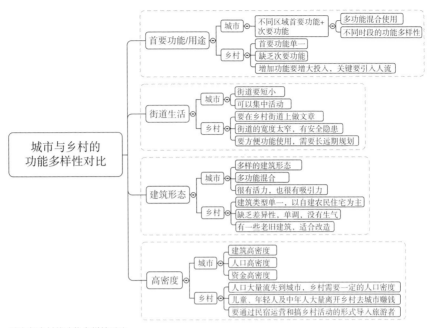

城市与乡村的功能多样性对比

（3）把乡村原有的老建筑利用起来，通过改造以最低成本实现收益。而通过建造新建筑的方式投入大、成本高，吸引人流也很难。

（4）要因地制宜、立足长远地看待和分析乡村问题，乡村振兴是一个长期的过程，可能是五到十年，甚至更长的时间。

（四）找到最合适的功能及多功能混合使用的方法

大岛祥誉所著的《麦肯锡工作法》一书提出的"逻辑树+空雨伞"分析法，即：提出问题树，构建逻辑树，验证要点树，推导空雨伞。

（五）设置功能对乡村的意义

找到功能才知道下一步到底要做什么，而且做下去是有目标的，是经过逻辑分析和沙盘推演的。根据需求、定位和爆点，找到相对应的功能。明确功能之后，才可以进行空间营造。通过"逻辑树+空雨伞"的方法让我们有主有次，针对主要问题有的放矢，弱化次要问题，不会被细枝末节所束缚。

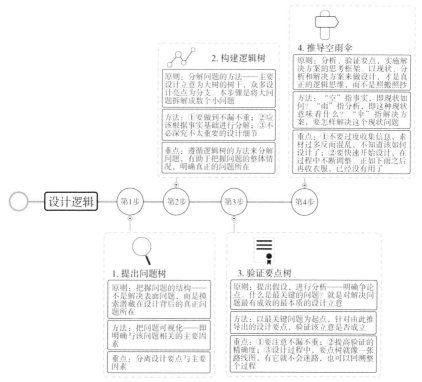

逻辑树 + 空雨伞分析法

第六节　营造空间

（一）通过营造空间，达到乡村的多功能混合使用

（1）要让乡村的经济有所发展，乡村民众的生活充满生机和魅力，就需要乡村功能的多样性，并且有地域特色。

（2）要形成一个以当地街道、老建筑等为主的社会空间体系，依靠使用者来确保乡村公共空间的安全。

（3）用创新的方法来解决乡村中功能单一的地带，增加功能的多样性，形成具有乡村特色的空间。

（二）乡村要营造的空间类型及方法

1. 街道是乡村的脉络和骨架

（1）乡村街道的尺度。

尺度适宜的乡村街道，如落叶覆盖的天然碎石道路或林荫遮蔽的泥泞小路是许多城市人向往的乡村空间。在乡村改造的过程中，希望不要为了拓

宽街道的路幅而砍掉两侧的行道树，也不要将乡村街道都建设成整齐划一的沥青马路。当前，大多数乡村道路的路幅比较窄，以水泥路面为主，适合步行，不适合车行，存在着停车空间少、回转半径不够与消防隐患等问题，也很难提供农业生产机械腾挪回转的空间。另外，乡村的街道应该增加多种功能的混合，如街道旁应该有餐厅、咖啡馆、小卖店等，可供旅游者坐下来休息喝水及聊天交流。

（2）因旅游人流大量涌入而导致乡村交通拥堵的解决方案。

由于周末经济的模式，导致周末出现瞬时的交通压力，因此要解决临时停车的问题。乡村基础设施应该合理优化，甚至考虑临时借用乡村民众的院子进行停车的方式，这种措施可称为**"乡村共享停车"**的模式。乡村是需要公共停车场的，但不宜建设大面积光秃秃的硬质停车场，而应该因地制宜地建设用乔木遮阴的生态停车场。

（3）乡村街道是人成长与社交的空间。

1）城市有私密性，人与人之间有距离感；乡村几乎很难有隐私，互相打听家长里短的事情大多发生在乡村街道的邻里之间和相关的店铺里、农田边。

2）乡村几乎没有"7-11"这样的便利店或超市，生活很不方便，这也是乡村与城市差距较大的地方。

3）乡村街道比城市街道的功能少得多，这也是乡村需要提升的地方。聚集人气，吸引更多人来乡村开店或搞活动，让乡村的街道及周边的公共空间活跃起来。

（4）保证乡村街道的安全性。

1）乡村的公共空间与私人空间的界限要划分清晰。

2）乡村完全是熟人社会。因为邻里之间经常交往，大多数都认识。乡村的爷爷奶奶、叔叔阿姨等对陌生人都是高度警惕的，他们是乡村全天候的监管者。

3）乡村的街道经常有行人走动。只要有人生活在这里，基本上是比较安全的。

（5）乡村街道的创新。

乡村与城市的交通体系完全不同。城市由于有大量的机动车，已经造成严重拥堵和空气污染的问题。而乡村的交通体系基本上属于未被开发的阶段。

本书设想未来乡村的交通体系有如下九个关注点：

1）乡村主要道路建议采用透水性铺装材料，在一定尺度内拓宽，解决开车通行、停车与消防的问题。

2）有些古村落保留得很完整，内部的道路都是人行尺度，不宜在乡村内部开车。建议在乡村的入口处或外围交通相对便利的位置，即与快速道路交接处设立1~2个大型的公共停车场，供城市游客停车及交通集散，不开车进入乡村内部，尽量规避人车混行的安全隐患问题。如果由于乡村较大而一定要在乡村内部开车游览，建议把主要车行道路放在乡村的外围形成环路，这样不会影响乡村内部核心区域的空间形态和人的安全。

3）进入乡村区域，尽量以步行、自行车（包括共享单车）及电瓶车作为主要的交通工具。村民自己的车辆可以开进来，方便停靠在自己家的车库里。建议在车行道的出入口设置"扫描识别车辆"的自动升降防护桩，禁止外来车辆进入乡村，最大限度地保证了乡村内部的安全性。

4）在乡村内设置标示牌及地图，使游客不容易迷失方向。乡村的街道尽量控制好尺度，保证步行或骑自行车游览不会让游客精疲力竭。

5）乡村要尽量保留道路两侧优美的行道树或新种行道树，形成林荫道的效果，也可以遮挡某些乡村住宅楼不雅的立面。行道树可选择常绿树种，如香樟、女贞等；也可选择落叶树种，秋季变红或变金黄，冬季落叶，如银杏、栾树等。建议选择本地乡土树种为主。

6）提升步行、跑步及骑行的体验感。乡村建议设置塑胶跑道环绕主要区域，让村民及游客跑步不损伤膝盖，局部设立清洁的直饮水系统及摄像头监控系统，发现有恶意破坏或浪费行为的加以罚款处理。

7）强化乡村街道的多功能性，沿街有类似"7-11"的小卖店、超市（安全、卫生、便捷，类似城市的社区商业），乡村街道上的店面有着各种各样的商品，让游客流连忘返，忍不住购买土特产及其他特色商品。这些形成乡村有特色的商业街，能让村民及游客聚集、交流和活动。还有干净整洁的公共厕所、棋牌室、图书馆、运动场、公园绿地等公共设施。人行尺度的街道可以成为乡村聚会、露天音乐会、艺术节、房车营地等一系列活动的所在位置，是乡村最有价值的公共空间。

8）乡村农田旁的街道留出拍照点和将来集市摆摊搞活动的场地，建议设置在农田视野较好的位置或沿着农田边界的道路上，适宜拍出好看的照片。

9）街道需要提高照明的高度，让夜晚更安全。当然，为了保护树林和农田中的昆虫等动物（如萤火虫），可以在特定的区域内降低光照度。但在一般情况下，明亮一些的灯光照明将有助于乡村的安全，如行人安全与车行安全，避免出现一些危险事件。

2. 相对于建公园，乡村更需要修建人与人交流的公共开放空间

在乡村建集市、公共图书馆、活动室（供村民聊天、打牌等文娱活动）、健身运动、儿童活动等场所，是否比建公园更有价值？这与在城市中修建公园有什么区别？

城市需要公园，因为人们生活在高密度的钢筋混凝土的建筑物之中，所以需要公园作为城市的"绿肺"，缓解紧张压抑的心情。

而对于乡村居民而言，农田、菜园、树林其实与公园的绿化景观相差不大，一个乡村本身就是一个简化版的公园，应该把钱花在公共开放空间的建设上，如活动室、中心广场、集市等，让乡村民众可以聚集在那里，闲聊、打牌、看电视、健身、读书，有丰富的互动活动。当然，在以文旅为主题的乡村小镇之中，修建公园绿地是符合整体空间规划和功能需要的。

另外特别要指出的是，如餐馆、茶馆、咖啡馆这类公共空间是乡村创意传播的绝佳场所，这些空间场所结合互联网时代的微信、抖音、QQ、社群、

论坛等虚拟空间，为乡村民众提供了丰富的信息，使他们不局限于自己的乡村，而与外面的世界相互链接在了一起。

3. 乡村老旧建筑的改造

老建筑代表着乡村的传统文化与历史，也承载了城市人对乡村的美好印象。在乡村很少见到那些气势磅礴、宏伟大气的老建筑（这里特指需要用大量资金修复的历史保护建筑），大多数是貌不惊人、陈旧不堪、残垣断壁的，甚至作为猪圈的老旧建筑。一般来说，这些老旧建筑在乡村反而有着较中心的区位，周边可以形成一定的配套，能快速转换成创新的功能并聚集人气。这种老旧建筑改造的意义在于：乡村的建设用地指标紧张，这些老旧建筑改造则可以不占用新的建设用地指标，通过快速地改造和更新，产生新的功能。例如乡村可以使用旧仓库、小作坊、各式破败的老宅产生如下三种功能：

（1）餐馆、茶馆、咖啡馆等餐饮设施。

（2）书店、文创商店、博物馆、展览馆、图书馆、网络软件公司、多媒体企业、艺术家工作室（如书画家、雕塑家及手工艺人等）等文化设施。

（3）民宿、乡村营地、特色酒店等旅游设施。

乡村老旧建筑的改造在形态上可以和原来的村落建筑融合统一，也可以有着鲜明而大胆的反差对比。《创意城市：打造城市创意生活圈的思考技巧》一书 [查尔斯·兰德里（Charles Landry）著，杨幼兰 译] 在讨论老建筑的时候，提出"与历史时空有关的成本投入与获得收益"的概念，认为这种方法是通过历史年代的对比和空间体验的改变，让已经衰亡破败的老建筑重新成为新时代里传统文化与现代风格相互融合的好东西，而且能够独具一格，成为网红。这种投资回报的收益来源于"老建筑独特而强烈的时空反差对比所引起的公众关注"。很多好的创意用于盖新建筑成本太高，而某些历史保护建筑的修复成本也很高，只有在这种乡村的老旧建筑里成本较低、也最有可能实现。

乡村老旧建筑的优势有如下三点：

（1）改造的成本较为低廉，除了公司投资之外，甚至可以个人投资。

（2）可按照开发者合理的意图进行改造，所受到的束缚较少。

（3）符合许多人的田园生活梦想以及乡村振兴的情怀。

这些老旧建筑不仅点燃了城市人对乡村的渴望与向往，而且也代表了乡村所展现出来的潜力和活力。所以，乡村不应该大面积拆除这些老旧建筑，而是应该提供老旧建筑让更多民众来参与改造，让它们成为发生各种故事的场所，改善乡村的空间形态和精神面貌。保留这些老旧建筑的意义绝不是要表现历史留在这些建筑上的痕迹，而是将这些痕迹用新的设计语言、手法和材料重新包装，使之成为当代人喜欢的东西，并符合乡村的地域性特色，给城市人从未见过的惊喜，让他们到乡村旅游的时候留下深刻的印象。

4. 乡村边界创造活力

"边界"的定义是两种不同功能的边缘成为人们识别所在区域位置的手段。边界是否需要用创新的活动来创造活力？比如，乡村边界如果被高速公路、铁路或河道所穿越，那么这些公共的基础设施可以为乡村带来经济上的收入，但也会对乡村的空间营造带来不利的影响。

我们应该如何去克服这些影响，让乡村的边界区域更好地为乡村服务呢？关键是要去发现位于乡村边界处的功能，并创造出新的功能，协调边界两侧区域的关系，并使这种关系吸引人，能调动游客的好奇心。凯文•林奇先生的《城市意象》一书谈到城市的边界，提出："对一个边界的地带来说，如果人们的目光能一直延伸到它的里面，或能够一直走进去；如果在其深处，两边的区域能够形成一种互相协调的关系，那么，这样的边界就不会是一种屏障的感觉，而是一个有机的接缝处或交接点，位于两侧的区域可以天衣无缝地连接在一起。"

5. 乡村地标，成为视觉焦点

（1）在乡村中处于视觉焦点位置上的、特别醒目的建筑或构筑物，是乡村中的地标。

（2）近几年在乡村建筑上涂鸦或彩绘，也是使它们成为具有地标性建筑物的方法。

（3）大树是乡村的地标之一。村头的大树，如百年银杏等古树名木，可以成为乡村民众的记忆点。

（4）乡村的主要景观。如宏村中唯美的月沼早已成为旅游者心目中地标性的景观、网红打卡胜地。

第七节　体验设计

（一）体验经济会成为乡村振兴最有效的举措之一

在《体验经济》一书中，约瑟夫·派恩和詹姆斯·H·吉尔摩提出"体验"的定义是：某些很有趣或有意义的事情，通过具体的活动而传导到人的感官之后所产生的感觉和印象。他们认为：体验经济创造新财富。体验经济中蕴含着如下四种价值创造的机会。

（1）对产品来说，更多的产出应当实现定制服务。

（2）对服务来说，更多的企业应该引导员工展开积极行动。

（3）对于体验经济来说，更多的体验产品及服务应该明确地按消费时间收费。

（4）更多的体验应该产生变革。

从体验经济的角度来看中国的乡村，乡村能提供的产品大多数是粮食、水果、土特产等农产品及手工艺品。这些产品在全国市场的差异基本消失，利润微不足道，吸引顾客购买的方法只能是降价、降价、再降价。这种低价竞争，对企业或农民个人来说，是很难可持续发展的，更难说能让乡村振兴起来。而由于城乡之间的距离遥远，交通不便，思维观念差距较大，乡村的科学与技术落后，也缺乏服务意识，所以乡村也很难为城市提供服务。由此可以得出一种可能性：体验经济会成为乡村振兴最有效的举措之一。

体验经济对乡村有如下四点作用：

（1）提供乡村振兴的一种思路和方法。

（2）吸引旅游、投资的城市人流来到乡村。

（3）提供工作机会和岗位给乡村，为乡村民众带来收入。

（4）改善乡村的环境质量，提升建筑品质，修复基础设施。

（二）一个创新思维

关于"乡村的体验设计"本身就是一个很重要的创新思维，即不断地为到乡村的游客创造与众不同的体验。当然，乡村要让城市人来进行体验，更需要从游客的真实需求出发，以人为中心进行思考。

在乡村振兴的过程中，体验设计的优势有如下三点：

（1）能够基于场景来观察人，更好地理解场景中的人的需求。

（2）转变单一的以物为中心的局限思维，在交互关系上做文章。

（3）能够为他人营造更好的体验。

简而言之，用体验设计来做乡村振兴规划 = 用设计思维来做规划 + 从游客（城市民众）体验的角度来思考设计。

（三）三大设计步骤

1. 相地选址

相地选址对于体验设计而言至关重要，一切设计都来源于对基地的理解和认识，观察基地并因地制宜进行分析。

（1）对乡村进行相地选址，决定了项目的成败。

在明朝造园家计成所著的《园冶》一书中提出"相地合宜，构园得

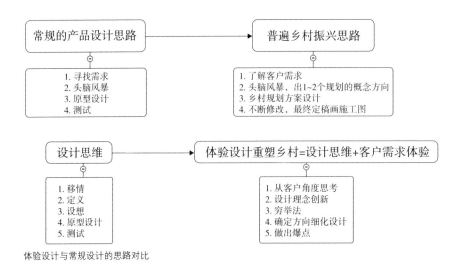

体验设计与常规设计的思路对比

体"。这是乡村体验设计开始的第一步，即通过空间要素来判断空间属性，进而决定采用哪一类空间营造的手法。美国景观师西蒙兹·斯塔克在《景观设计学——场地规划与设计手册》一书中提到了某位日本建筑师在做住宅建筑设计之初进行相地的感悟如下：

"在日本历史上，这种对场地的细心认识在景观设计与规划中起着重要的作用。每一处构筑物似乎都是场地中的自然生长物，保留并强化了场地的优势特征。

比如说设计一所住宅，我每天都要到计划动工的地块上去。有时带着坐垫和茶，一待就是很长时间；有时是在树影横斜、夜深人静的晚上；有时在阳光灿烂、喧嚣热闹的白天；有时是在雨雪交加的日子。因为通过观察雨水冲刷过地面，降水沿着自然形成的水槽汇成一条条小溪，可以了解场地的很多情况。

我到场地去并且待下来，直到开始逐渐认识它。我了解到它的欠缺之处——过境公路的刺耳噪声，被风吹歪的松树的难看的姿态，山色中的煞风景地段，土壤中的水分缺乏，场地一角与邻居房屋过于接近。

我了解到它的优点——一棵灿烂的枫树，飞流直下深谷的瀑布之上一处宽阔的礁石。我逐渐认识到那凉爽清新的夏日气息从瀑布处升起，在场地开旷处飘散开来。我闻到层层堆压的树叶在煦日烘晒下散发出了香甜刺激的气味。我明白了这一片场地必须保留，不受破坏。

我知道清晨太阳从哪里出现，这时它的温暖和煦最受人喜爱。我清楚午后阳光变得灼烫时，哪些地方会受到刺目阳光的暴晒；以及从哪些地点来看，在平静的黄昏中，落日余晖最为耀眼夺目。我惊叹于竹丛中摇曳多姿的光影和新鲜娇嫩的色彩变幻，我曾经几小时地观看黄冠刺嘴莺在那里筑巢喂食。

我逐渐体会到一块突出的花岗岩巨石与道路另一侧花岗岩轮廓之间的微妙关系后，不禁喜从中来。'这不过是一些琐碎的东西，' 有人或许会这样想，但正是它们告诉人们：'这片土地的本质就在这里，这片土地的精神就在这里。'留住这种精神，它就会弥漫在你的花园里，弥漫在你的家里，弥漫在你的每一天中。

于是，我开始理解这块土地，它的情绪、它的缺陷、它的潜力。直到现在，我才能拿出墨水和毛笔开始画我的规划图。不过在我脑中，建筑物已经可以看到了。它的外形和特征来自这片场地，来自穿过的道路，来自只石片砾，来自阵阵的清风，来自太阳的轨迹，来自瀑布的水声，还有来自远方的景色。

了解了业主和他家人，以及他们的喜好，我为他们在这儿找到了一处居住环境，在这里他们与周围景观形成了最和谐的关系。这种结构，这所已构思好的住房，不过是一些空间的组合：开敞的和封闭的，它们通过石、木、瓦以及设计图纸，满足和表达了喜悦、充实的生活。除此以外，还能怎样来为这块场地设计最佳的住宅呢？"

（2）乡村相地选址的内容及方法。

《园冶》"相地篇"提出十点建议，对当前乡村的相地选址也有借鉴意义。

1）景观的基地不应限制方向，可结合原有地势进行设计。

2）景观空间序列的开端应有自然的情趣，造景的高潮和重点应当因势随形（如堆地形或挖河道）来体现。

3）景观对应不同地域应有不同的功能定位，如城市和村庄之景观区别。

4）新建的景观可重新设计，追求四季不同的效果。

5）旧有的景观妙在翻新，古木交柯，繁花簇拥。

6）整体造型应该因地制宜，构建方、圆、曲、坡等不同的空间景观。

7）水景空间的设计重点在于对基地的分析，使水源、水系和水上的构筑物等综合构成重要的空间场所。

8）应对基地中狭长、宽阔、幽深、空旷等多种空间的景观处理，使空间有往复无尽之意趣。

9）设计要发挥借景的妙用，将他处的胜景借给我处观赏。

10）应重视基地中建筑和古树的关系，以保护古树、维护生态环境为主。

关于相地选址的意义，可以用《景观设计学——场地规划与设计手册》一书中的一句话作为总结阐述："要想有效领悟一个场地上的项目，必须深入理解整体规划、深入体会场地及其整体环境的自然属性。这样，我们的景观设计就可以成为安排最佳关系的科学和艺术。"

乡村相地选址的十条军规：

（1）乡村的管理者与设计师第一步要先到现场去，仔细接触和感觉，与现场身心交融，寻找灵感。看看该乡村是否与你心目中的未来效果相匹配。总之，凭直觉看它是否能吸引你、打动你。

（2）要去该乡村周边的农业、畜牧业等相关产业项目实地踏勘，分析对该乡村的开发有哪些有利点和不利点，有针对性地进行规划设计工作。

（3）要对该乡村周边的竞品项目（如已建成或正在建的产业小镇、文旅小镇等项目）进行考察，分析与对比双方的优劣势，并对该乡村提出改进的建议。

（4）要对乡村内已有的建筑物进行仔细分析，包括建筑规模、平面布局、空间形态、立面形式、功能与风格，有没有历史建筑需要保护等。

（5）要对乡村内的地形标高、建筑标高及游人的体验路径、参观动线及视线进行分析研究。

（6）要注意观察乡村场地内外的开口位置、植物、公交车站等交通设施、电力水利设备等与乡村的空间场所相关的内容。了解掌握当地植物的品种、数量、密度，农田的集约化程度、农作物与果树的经济价值、种植经营情况等。

（7）通过对该乡村内原有景点、建筑做SWOT分析，思考新增建筑与景观场所的可能性，寻找体验点，营造爆点。

（8）研究该乡村的经济技术指标，特别是建设用地的指标，这是开展乡村振兴工作最重要的基础条件之一。

（9）在踏勘现场时与原有村民进行交流，要了解村民对于该乡村改造的态度。

（10）外来旅游者或产业人员如何来？坐高铁还是开车来？停车场布置在哪里？如遇安全事故，如何快速疏散？消防问题如何解决？交通要方便，易于到达，但无法当日往返，这样游客才会住在乡村的民宿之中。以上海和杭州到莫干山度假的客群为例进行分析：杭州的客人大多数不会住在莫干山的民宿之中，因为杭州开车到莫干山就1个小时的车程，基本上当天晚上就回杭州了。而上海的客人则一定会住下来，因为从上海开车到莫干山要3个多小时的车程，无法当天往返。这也说明了为什么莫干山民宿的主要消费人群是上海人，而不是杭州人。

（3）在乡村进行相地选址的价值。

乡村的相地选址是最重要的决策之一，可以减少投资成本、提升知名度、增加效益。这是乡村体验设计开始的第一步，只有选好基地才能进行功能设置和空间营造。

2. 筑梦

（1）人、场景、体验活动。

《设计思维》一书提到"筑梦"的基本要素有三个：人、场景和体验活动。由此推导出乡村体验设计"筑梦"的八个关键点。

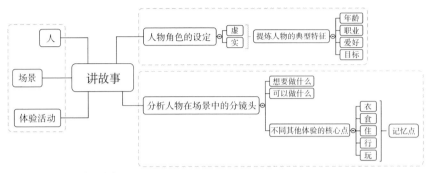

筑梦的人、场景与体验活动

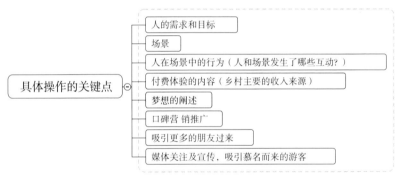

筑梦的八个关键点

（2）告诉、分享、融合。

《设计思维》一书提出"讲故事"可以分成三个层次："告诉、分享、融合"。而乡村"筑梦"的环节，具有如下三个特点：

1）告诉读者"我的故事"，就是讲述"我如何改变了这个乡村？"

2）与读者分享"和你有关的故事"，就是讲述"你看到了一个什么样的乡村？"

3）把"你的故事"与读者融合在一起，就是讲述"你对这个乡村有哪些体验感受？"

（3）定格场景。

带给游客什么体验，使他们在心理上喜欢这个乡村。他们不仅付费体验，而且还口口相传地邀请更多朋友过来体验。所以，研究乡村有哪些独一无二的定格场景，是体验设计的关键。定格场景，也可以认为就是寻找该乡村的"爆点"。

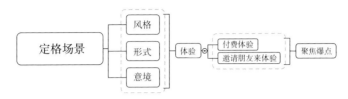

定格场景

（4）触发点、困境、行动、目标。

《设计思维》一书提出：一个完整的故事结构由以下四部分组成："触发点、困境、采取的行动、达到的目标"。关于乡村的体验设计，这四部分需要深入思考。

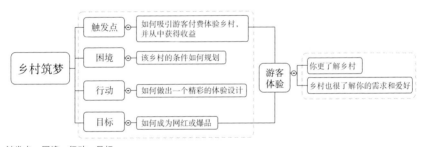

触发点、困境、行动、目标

3. 布景

笔者所著的《源于中国的现代景观设计丛书二：空间营造》一书提出景观设计的三要素：空间布局（空间属性与空间形态）、路径引导（平面与竖向的人流动线）及观景体验（借景与意境体验）。这三个设计要素同样适用于乡村的体验设计，可以作为设计原则。

（1）空间布局：从乡村的色彩、温度、光照、气味等，与游客的感受相对应的关系入手。如水稻田的插秧活动、蔬菜水果的采摘活动和家禽家畜的喂养活动等。

（2）**路径引导**：从乡村的动线设计、功能区隔等，对游客的聚集与停留的影响入手。

（3）**观景体验**：从乡村的田园风光和场景布景，给游客带来启发和心理情绪上的愉悦。

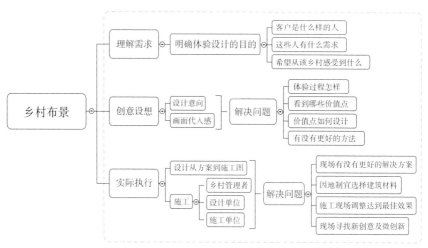

乡村布景流程图

（四）五大设计要点

1. 逻辑

以设计思维为主要逻辑，以人为中心，强调场景与体验。乡村的建筑、室内及景观设计要三者融合为一体化的体验设计。从游客的角度来换位思考，到乡村旅游到底要体验什么内容？体验要达到什么目标？体验如何形成量化的指标来评价？

2. 语言

乡村的设计语言是不同于城市的，并且每个乡村都要展示出自己的地域性与特色，让城市游客来到这里眼睛一亮，且印象深刻，这才是体验的价值所在。

（1）传统材料，如砖、瓦、青石板、传统中式小品摆件、明式家具等很多元素可以使用。乡土材料如木头、竹制品等多种工艺做法可以做出地域特色。

（2）现代材料，如玻璃、钢板、铝板、石材、混凝土等材料都可以使用，效果也很好。大玻璃面窗户用于借景，在乡村建筑的窗户边看山峦起伏、溪涧瀑布的风景。还有很多新工艺、新做法以及成品设备材料也都可以使用。

（3）游客最直观的体验就是住乡村民宿、吃农家菜、游玩乡村景区。观察建筑物外立面、室内及花园，材质的肌理、质感、颜色、触觉、气味带给人的感受。

3. 风格

乡村的设计风格要总结中国传统的美学理论，古为今用；吸取西方现代的建筑思潮，洋为中用；将现代材料与传统材料融合使用，通过鲜明反差而达到和谐统一；将当代性、在地性和人本性三者巧妙地协调起来，天地人合一。总之，通过因地制宜的风格，带给游客不同寻常的体验，让他们印象深刻。

4. 手法

通过强烈反差对比而达到和谐统一，这是乡村体验设计的重要手法。当前，很多普通的设计是把同类型的材料和细部并置在一起，给人感觉是堆砌。而把不同类型的材料放在一起对比，通过强烈反差让人去思考，如时代性与地域性的对比、中西文化的对比、山水湖泊的对比、直线与曲线的对比、新旧材料的对比、不同风格的细部做法对比等，让人们意识到当代的乡村需要兼收并蓄、融合创新。

5. 技术

（1）**高技**。当前科学技术日新月异，乡村的体验设计通过电脑模型软件不仅能优化整体空间，也能提升细部设计水平。高新科学技术是未来5G时代乡村体验设计的重要保证。

（2）**低技**。在乡村建设中，还是提倡对乡土材料的使用，更多地使用低技的方法。低技所创造的空间有人情味、乡土感和地域性。所以，低技的运用在乡村振兴的过程中将发挥出更大的作用。

第八节
迭代实验

（一）在乡村进行迭代实验之前，管理者要思考的六个问题

一些乡村对没有发展起来的原因大多总结为资源不好、交通不便、资金不足、缺乏管理、没有优秀的人才等。上述说法都是表面的原因，该问题的本质是：上述乡村大多都缺乏系统性的方法论，即通过迭代实验来避免失败，发现机遇。

在迭代实验开始之前，乡村的管理者要思考如下六个问题：

（1）谁是乡村的客户？

（2）要开发出什么样的乡村产品或服务？这些产品能创造多少价值？应该如何确定开发的优先顺序？

（3）是否有详细的流程图和商业计划书？如何对乡村各个阶段的绩效进行考评？

（4）如何让乡村振兴的工作更高效、更有序？如何让每个参与者知道该做什么、怎么做？

（5）怎样做才能不让乡村、企业或个人投入的资金打水漂，而是得到应有的回报？如何减少浪费？

（6）乡村振兴的工作之中，哪些是长远的可持续发展的措施？哪些是短暂取悦眼前的城市游客，但长远来看却得不偿失的措施？

总之，乡村管理者需要的不是基于众多假设来制订复杂的计划，而是通过简单明确的方法论快速判断是否坚持原方案还是要转型改变方向。当前的乡村并没有成功的模式和范本，几乎每个乡村的发展都是在不确定前景的情况下"摸着石头过河"。因此对这些乡村来说，最重要的是通过迭代实验来分析客户真实的需求，用不断的试错来总结经验教训，明确是否转型还是坚持下去。

（二）迭代实验的具体内容

1. 迭代实验的特点

在乡村的迭代实验中，首先要把乡村大的目标分解成一个个小的独立的目标。小目标的完成情况可以通过实验提供更加精确的评估。在乡村迭代实验的一开始就设置明确的商业模式和收支目标，如第一年计划投入及收入多少钱，第二年、第三年直至第五年的财务规划。在迭代实验中，要确定几个子项各有多少支出和收入，这样才更能有针对性地精确调控。只有我们设定了这些目标，才有可能一步步分解和实现它。**乡村迭代实验的特点总结起来是：微创新、小型化、自下而上、可复制推广。**

2. 迭代实验的必要性

乡村管理者在乡村的迭代实验中面临以下两个挑战：

（1）建立可以进行小型化及快速迭代的乡村实验所需的组织架构。

（2）严格执行这些实验，分析得到的真实数据，判断是转型还是坚持下去。

根据笔者所著的《民宿》一书的研究，几乎所有成功的乡村民宿在开始之初都有最简化的实验模型，这是莫干山民宿成功的原因之一。如莫干山的裸心谷，在建造之前他们就搞了七八个乡土小屋（叫作"裸心乡"）进行实验。大乐之野也是由第一家民宅改造摸索起来的，前面的两三家用了很长的时间去实验和试错，之后的民宿开发建设就越来越快了。莫干山原舍的第一期也存在很多问题，如由于层高太高导致房间的空调冬天制热效果不佳等，但是在第二期中就解决了上述这些问题。

第九节 分析数据

（一）乡村迭代实验需要分析数据

小型化及快速迭代的乡村实验过程中会产生大量的数据，因此对乡村来说进行数据分析是一件重要的工作。需要制定一整套系统的方法来分析数据，判断运营过程的问题，确定乡村的实验是否有效果，下一步是要转型还是要坚持下去。

（二）建立乡村的大数据，分析有效的核心数据

（1）通过迭代实验收集到乡村的第一手数据，分析这些真实的数据，发现乡村真正的问题。

（2）乡村要尝试把增长的数据从平均水平拉升到更高的水平，就需要经过多次产品和服务的优化。

（3）通过数据分析，做出决策："下一步需要转型，还是坚持下去？"然后根据实际情况，进行下一步的迭代实验工作。

建立乡村大数据的量化分析表——每个乡村的管理者都可以把自己的乡村与其他的乡村进行数据对比，也可以对自己的乡村做一个每年的指标对比。因此，提出如下四个问题进行讨论：

（1）乡村迭代实验的成果如何量化？

（2）乡村的收益如何评价？

（3）如何判断数据的真实性？

（4）到底该如何在数据上衡量乡村的进步？

针对上述问题，乡村需要有一批坚定的体验支持者，愿意参与实验，在实验中发现问题，提出解决方案。乡村的管理者需要亲自去测试和检查这些数据，并坚持不定期抽查的措施。只有从真实的数据中才能发现核心的问题，并找到解决问题的方法。在乡村实验的过程中，95%的工作都可以用数据分析来衡量，如乡村产品的质量与数量、产品的销售排行榜及与客户进行交流所得到的数据等。

乡村极为复杂，每天、每月、每年会产生大量的数据。大多数是无效的数据，没有太多的实际意义。有效的数据必须能够清晰地显示因果关系，否则就是无效的数据。小型化及快速迭代的实验都可以通过衡量指标来评估产品与市场的契合度，并用大数据分析的模式改进实验方法，有以下三点作用：

（1）有效的数据提升分析核算的成功率。

（2）简洁的数据，让人易于操作。

（3）从乏味的数据中发现亮点，具有预见性。

（三）分析数据的方法

1. 与乡村客户当面交谈及调查问卷的方法

落实到具体的工作上，建议乡村管理者采用与客户（如城市游客、产业公司等）当面交谈的方式。通过交谈得到相关的数据，对数据进行分析，最后找到解决问题的答案。要了解他们到乡村想得到什么，然后给他们提供相关的乡村产品和服务，评估他们的行为，进而改进产品和服务的质量。

2. 通过"一页纸报告"的形式，提供简洁明了的数据

（1）把数据报告做得尽量简单，让每个人都能理解。如研究莫干山游客数据的变化，可以从2017~2019年的游客数量、民宿的经营数据等中分析出游客对乡村的需求改变趋势。

（2）让更多人能方便地获得相关数据报告。乡村的数据报告应该尽量公开，让所有人都能看到，并从中有所收获。报告排版应该简单、易读，每个乡村实验及其结果都以平实的语言加以说明。

3. 互联网的时代，图像和视频是乡村可视化策略最佳的传播工具

乡村振兴的事业应尽早建立传播战略，不仅是抓住高层次的学者、专家，更是要抓住广大民众的"眼球"，把他们吸引到乡村才能给乡村带来更大的收益。"图像"很直观，也很聚焦，是眼球经济的代表。人们随意一瞥，看到一张图像不过几秒钟的时间，但好的图像立刻使大脑产生丰富的联想，可能想到了好几个想去看看的乡村、土鸡菜饭的鲜美味道、风吹麦浪的惬意等，这就是图像所带来的价值。总之，可以用如下五个关键词来描述"图像"的优势：**聚焦、高效、高密度、信息量大、富于联想**。

而"视频"如微电影、短视频等在网络上传播，有故事的策划和编辑，或让人会心一笑，或让人大吃一惊。应该说，"视频"是未来互联网5G时代的发展趋势，将来看视频就和看照片一样快速，视频的广泛传播会让人对乡村的体验如身临其境，价值更大，传播力更强。

另外，乡村可以运用无人机等航拍技术做图像、视频和动画相结合的方式突出不同乡村的特色。还有乡村以夜游的形式带动夜色经济，拍摄夜景的图像和视频展示乡村的软实力。

第十节 运营管理

（一）加快乡村迭代实验的周期，便于更好地运营管理

乡村管理者基本都有财务方面的考核指标压力，要精打细算地花钱。所以，有以下三种方式解决上述问题：第一种是削减成本，这有可能把原来一些好的投资与项目也随之砍掉了；第二种是筹措额外资金，这种方法会使乡村的负债率上升，从长远来看具有风险性；第三种方法是根据第八节"迭代实验"的内容加快乡村迭代实验的周期，设法以较小的成本或在较短时间内完成乡村实验，并获得乡村转型的经验。

当前乡村管理者存在如下的心态问题：

（1）没有做过乡村实验，很难下决心进行根本性的转型改变。

（2）对乡村实验心存恐惧，最好在自己的舒适区中保持现状不变，导致长时间拖延。

（二）乡村运营管理方式的转变

（1）功能的转变。把一个功能做精做强，成为该乡村的"拳头产品"。

如某个乡村的民宿运营得很成功，那么整个乡村就应该配合民宿设置餐饮、咖啡、文创商店等，把民宿产业做精做强。类似的是农田种植、养殖等产业功能，把特色的强项功能放大。如果该乡村没有自己的强项，可以把它作为附近更有发展前景的乡村的辅助配套基地。

（2）客户细分市场的转变。如乡村原来面对的是来吃农家菜的城市人群，现在转型为来住民宿、看田园风光、吃乡村大餐、采摘无污染蔬菜的城市人群。那么，其运营管理就要上一个台阶。

（3）客户需求的转变。随着对乡村客户的了解进一步深入，发现目标客户其实有另一个需要解决的问题，那就马上转型到客户真实需求的方向上。如崇明乡村某店原来是卖崇明糕的，后来发现客户喜欢吃小龙虾，就转型做小龙虾生意，结果大获成功。

（4）乡村向平台的转变。在乡村的互联网平台上设立各种卖家和店铺，可以销售各种农副产品，如卖鸡、卖小龙虾、卖羊肉等。

（5）运营模式的转变。第一种是大规模运营的模式，高产量低利润，如几千亩的大农业生产，崇明的许多大型农场就是这样进行生产运营的；第二种是小型的复杂运营的模式，低产量高利润，如酒店、民宿及销售绘画等艺术品。因此，采用哪一种运营模式是需要乡村的管理者根据当地的实际情况去不断摸索和实践的。

（6）渠道的转变。当前，大多数产品都放在互联网上销售，这大大降低了对中间商的依赖，增加了利润。乡村的产品利用网络平台销售是开放而公平的方式，如当前流行的直播带货的方式，效果很好。

（三）运营管理的方法

乡村的运营管理要抓住一个核心的问题是：乡村做什么能创造价值、避免浪费？由上述问题推导出如下三种运营管理的方法论：

1. 提升重复购买的比例，由"低频"转向"高频"的消费

乡村的产品通过付费购买（互联网直销等）或自愿的多次购买（去同

一家乡村食品店购买农产品，如大米、蔬菜和水果等），实现重复购买。而某些产品和服务购买率较低，如乡村民宿对于城市游客来说一家民宿只会去体验一次，然后换着住不同的民宿。但是，如果该乡村有几个不同的节庆活动，如春季观赏樱花、桃花、梨花、油菜花，端午节看赛龙舟，秋季观赏红叶等，游客就会在每个时节都到这个乡村来看看，甚至是呼朋唤友一起来玩，这样该乡村民宿的入住率就大大提升了，乡村的旅游收入也增加了。

所以，乡村管理者要密切关注客户的"流失率"，即：在一段时间内，没有继续购买相关产品的那部分客户占客户总数的比率。如果新增客户的比率超过流失率，乡村会逐渐盈利。乡村应该理性地投入市场营销费用，因为成本高昂，并不适合乡村的长期发展。所以乡村的管理者还是要关注已有的客户，通过产品吸引他们，如把限时促销或优惠的消息以短信、微信等多种形式发送给客户。总之，工作的重点必须放在提高客户的保留率上。

2. 在触发客户购买乡村产品的方面，注重以口碑营销的方式传播

口碑营销是指在互联网上及周边人群之间以口口相传的方式快速传播，带来轰动效应。提升乡村的产品力，是口碑营销的重中之重。

3. 在传统门票经济的付费模式下，提升体验经济的创新度

该模式的重点是从每位客户的门票中获得乡村的收入。例如，乡村旅游景点收取门票，这是典型的"门票经济"。又如乡村民宿让城市游客通过购买民宿的使用权来体验乡村，本质上也是一种比较贵的"门票"。总之，这是乡村取得收入的比较传统的运营管理模式之一，要让传统的方式变得更有创意，重点是要提升体验经济的创新度，这是乡村管理者要思考的内容。

第十一节
转型与坚持

（一）乡村通过转型来应对新的问题，并坚持对的方向

经过上述一系列步骤之后，最后要分析的是乡村要转型还是坚持下去的问题。转型非常难于评价和验证，这也是乡村发展始终要面对的问题。乡村如果没有取得成功，那么坚持原来的发展模式会被质疑，转型被认为是必然的。就算已经取得了部分成功的乡村，它也必须通过不断转型才会有进一步的创新和突破。如当前莫干山已经很成功了，但是他们更需要通过转型来应对新的问题：超过800家各种酒店、民宿及农家乐给游客带来的审美疲劳和无序经营的问题。总之，转型并不是代表对乡村前期工作的否定，而是代表着不断调整乡村振兴的方向，以获得真正经过实验迭代、数据分析和运营管理所验证过的发展模式。如果要开始转型，则意味着从新的实验开始做起，流程重新开始循环起来。

（二）转型与坚持的内容

《精益创业》一书提到硅谷流行一个很有趣的小测验：2个人分别同时

制作100个信封，是一次做好1个信封，然后连续做100次的速度快；还是每个步骤做100次（如把100个信封折好，接着封100次信口，再全部贴上100次邮票）的速度快？答案是：前者的速度快。为什么一次封装一个信封看似较慢，却能更快地完成工作呢？因为每个步骤做100次，没有把分拣、堆叠和移动一大堆半成品信封的额外时间计算在内。重复同一个工作看似效率更高，是因为我们认为一项简单的工作重复得越多就会做得越好。上述第二种方法就是采用"大批量"的方式，一直要到接近流程的最终时刻才会发现有问题。而用"小批量"的方法，几乎第一时间就能发现存在的问题。如信封有问题而无法封口，该怎么办？用"大批量"的方式，我们必须把信件从信封中全部取出来换成新的信封，再重新装件。而用"小批量"的方式，我们会在制作第一个信封的时候就发现问题，也无须返工。

当前，乡村的运营管理大多数是以策划大项目、大活动为主要方式的。需要乡村政府动用一大笔资金投入进去，做策划方案、施工建造、活动组织、宣传营销、收费与成本平衡等一系列流程，这是一种典型的"大批量"运营模式。因此，乡村最重要也是最经常面对的问题是：这样大投入的项目或活动能否设计得更加新颖？能否建造得更好看？是否有游客蜂拥而来并疯狂买单？是否口口相传，在互联网上或人群之间口碑营销？如果已经建造到一半，投资也投入了一半的时候，发现这种项目或活动现在不流行了，可能没人来看了，口碑也不好了，那该怎么办？几十万、上百万资金投入进去就打水漂了吗？损失了就无法挽回了，那剩下的投资还投不投？还是停工烂尾在那里？

所以，乡村"大批量"的项目随着时间的拖长，风险也越来越大，而且随机性发生的问题也越来越多。而采用小型化及快速迭代的乡村实验，把一个大项目、大活动分解成几个小项目、小活动。在每一个阶段就做一次总结复盘，觉得有前途再继续往下做；觉得有问题就马上暂停，寻找转型的可能性。这样通过几次"小批量"的乡村迭代实验，就能判断出该乡村的类型和盈利的方式，更有效果和针对性。

（三）乡村转型与坚持的方法

1. 制定乡村实现目标的路线图

（1）确定目标。

乡村转型与坚持的目标要符合SMART原则：

S：Specific，需要明确具体。

M：Measurable，需要可量化。

A：Attainable，需要切实可行、可实现。

R：Relevant，需要和执行者及客户相关。

T：Time Based，要有明确的截止时限。

对一个乡村来说，什么样才是一个可以执行的SMART目标呢？

"本乡村要在2022年建设完成共约300间客房的民宿群，收到2000万的旅游营业额，包括景点门票收入及民宿收入等。"这就是一个乡村的SMART目标。

"在2022年，本乡村要成为江苏省最好的乡村。"这就不是一个目标，而是一个空洞却无法执行和检查的口号。

（2）识别关键KPI。

针对乡村的目标，找到实现目标的关键路径，并且选择一两个关键绩效指标（KPI，Key Performance Indicator）。针对这一两个KPI层层分解，并设置几个实现目标的里程碑，建立行动计划。

（3）建立量化系统。

以企业管理为例，企业的经营管理必须要量化各种财务收支指标，如年初预算是企业的财务目标，会计记录的每一笔账都是量化的数据，还有月度报表、季度报表、年度报表等持续定期提供数据反馈。企业只有通过数据量化的方式，商业项目才能得到有效的管理。乡村的量化体系也一样，可以先关注几个最关键的量化指标，然后再逐步扩展，建立量化的系统，并持续跟踪。

（4）定期的真实反馈。

1）该乡村月度、季度和年度的财务数据报告和经营分析会议。

2）乡村运营者对游客的调查与随访，了解他们的体验感受，针对问题及时调整和改变。

3）乡村管理者与经营者定期召开工作协调会议，发现该乡村内部经营管理的问题与风险要及时解决，并根据形势的变化调整运营管理方式和措施。

2. 追问五个为什么

"追问五个为什么"方法论的核心是把各种问题和解决方案直接对接起来，并找到问题的根源加以解决，根据每个乡村的实际情况，我们可以把"追问五个为什么"用于乡村实验的数据分析、运营管理、转型与坚持的流程之中。

当然，乡村实验及转型的发展速度也需要有效地管控：如果太慢，有可能不作为或错失良机；但如果发展速度太快，为了争取时间而牺牲乡村所能提供的服务品质及产品质量，就会造成疏漏和口碑上的损失，也存在危险。"追问五个为什么"可以防止这种情况出现，让乡村管理者找准他们自己的最佳节奏。

该方法需要注意如下三条原则：

1）需要一个各方彼此信任和权力下放的环境。 在大家坐在一起"追问五个为什么"的时候，需要与之相关的所有部门的人共同讨论，以相互批评或自我批评的形式，开诚布公地讨论遇到的问题，并寻找问题的本质以及最佳的解决方案。

2）对第一次错误要容忍，但是不允许同样的错误发生两次。 乡村管理者要容忍相关团队犯错误，但是在错误发生之后，一定要进行复盘，让团队成员找到彻底解决问题的根源，避免再次犯同样的错误。

3）从小处做起，尽量具体。 一旦做好准备，先针对一些小问题入手。因为有缺陷的流程产生一些重大的问题，处理起来承受的压力巨大；而小问题更容易被发现、修改，并逐步推广到团队各个部门的工作中去。讨论的问题要尽可能小，尽量"聚焦"，这样才能确保每次能务实地解决问题。例如在乡村实验中，可以讨论与民宿舒适度相关的问题，如客房温度的冷热、潮湿发霉、噪声等问题该如何解决。一开始不要选一个模棱两可的规则，要选择一个易于判断和遵守的规则。一次"追问五个为什么"的会议尽量只处理一件事情，具体落实如何改进的措施，且注意避免矛盾激化。

第十二节 方法论的总结

《美国大城市的死与生》一书谈到美国的乡村处于一种微妙的情况之中："乡村如城市一般，它具有十几或者是几十个不同的变量，它们互不关联，但同时又通过无形的方式互相纠缠在一起……总之，乡村这种复杂而有序的问题不会单独表现成一个问题，而是可以分解成许多个互相关联的问题。这些问题表现出的变量从本质上来看并不是混乱不堪，毫无逻辑可言。相反，它们恰恰组成了乡村这样一个有机而独特的整体。"该书的二十一章"城市的问题所在"，提出了城市规划的三个方法论：

（1）对过程的考虑。

（2）从归纳推导的角度来考虑问题，从点到面，从具体到总体，而不是相反。

（3）寻找一些"非平均"的线索，这些线索会包括一些非常小的变数，正是这些小变数会展现出"更大"和"更平均"的变数活动的方式。

所以，面对乡村错综复杂的现象和问题，本书提出一整套方法论，希望用简单的方法一步步地解决乡村的根本问题。本节对该方法论总结如下十点：

1. 要对乡村进行过程的考虑

因为乡村振兴是一个漫长而艰苦的过程。中国的城市在中国改革开放近40年的发展时间里，才逐渐达到了当前的发展水平。而在乡村振兴的目标引领之下，乡村要逐步把资源、资金和优秀的人才配置到位，让自身尽快地发展起来。总之，当我们把乡村发展过程中的那些变量都研究透彻，针对每一个不同的乡村案例研究出普遍的规律，就能找到适用于乡村振兴的方法论。

2. 从具体到整体，而不是以整体（一般推论）来研究乡村，这是从点到面的角度，也是自下而上的方式

与城市规划类似，在乡村实践中通过自上而下的理论推导所得出的结论，大多比较空洞，无法落到实处，不适合某个具体的乡村使用。问题就出在每个乡村都有其自身的复杂性和多变性。但是立足于每一个乡村独特的案例，通过有针对性的分析、判断与决策，自下而上发展的成功概率则会更大一些。所以，从乡村规划师的角度，我们认为当前应该深入乡村基层内部，直接针对具体案例进行分析，最终得到在这一个乡村地区具有普遍意义的规划原则和实践方法。乡村规划和设计既没有固定的模式，也很难沿用城市规划的处理经验与手法。而且，乡村每一个具体案例的成功都有其自身的独特性，这也是过程的魅力所在。

3. 乡村需要寻找一些"非平均"的线索，包括一些小变数

崇明乡聚农舍及实验田就是乡村中的"小变数"，通过一两个小小的民宿改造及农田活化利用，做出口碑，带来游客，产生经济效应，整个村子的其他民众纷纷模仿，这样乡村逐渐被唤醒，出现了越来越多的业态和从业者，如餐饮店、茶馆、咖啡馆、文创小卖部、图书馆、棋牌室、运动健身馆等，逐渐影响到整个乡村。这些"小变数"看似微不足道，但是通过迭代实验与分析数据，会发现它们正在悄悄地改变着乡村的面貌，带来运营管理的

经验，最终促成了乡村的转型。

4. 推行小型化及快速迭代的乡村实验方法论

乡村不能采用"大批量"生产的模式，因为乡村投入的成本会很高。迭代实验尽量精打细算，节约成本。如果发现实验存在风险和问题，马上进行转型，避免造成重大损失。当乡村以小型化的方式进行实验，乡村管理者能做出明确的判断，决定是否坚持还是转型，根据发现的情况快速着手进行调整。因此，许多乡村可能一开始的方向走错了，但在不断试错和迭代中尝试转型，反而在某个方向取得了突破性的成功，这也是乡村实验的意义所在。

5. 不能用直觉来判断，而是要用数据分析的方式来推理和制定策略

乡村是坚持一种方向做下去，还是转型做别的方向？当前转型是曙光在前，还是前途渺茫呢？要回答这一系列问题，不能凭直觉来判断，而是要用数据分析的方法来进行科学的推理。随时关注监测指标和顾客反馈，如有问题马上停下来，解决问题之后再重启项目。从大数据中分析及制定策略，在乡村实验中快速迭代及试错，并在第一时间决定是否转型还是坚持下去。

6. 乡村管理的团队要保持最小化状态

乡村振兴不能好大喜功，不能做表面文章，应该保持"最小化状态"，用精简的团队集思广益、头脑风暴、快速决策、果断实施。乡村也不可能有大量的资金，保证有效的资金投入到最重要的地方，就需要以切实有效的方法论来实施。

7. 早期顾客介入与对比测试

这是在乡村创新的过程中从客户的角度出发所形成的方法论。只有了解客户的需求，才能更好地矫正实验的方向，不至于有太大的偏差。乡村实验一定要从真正的客户身上得到真实的反馈意见。

8. 个人情怀

一个城市规划设计项目做完之后，规划师去做下一个项目，他不可能一直只投入在一个项目上，人员成本和产值考核等各方面都不允许。而乡村规划师则完全可能立足于一个乡村持续地做下去，以最小化的模式慢慢地探索实践，甚至亲自投入资金去研究理论。如建筑师黄声远数十年立足于中国台湾宜兰，从事乡村建筑的实践；又如乡聚公社已经立足于崇明做乡聚实验田近四年的时间，每一年做出一个不一样的稻田营造活动。总之，乡村振兴与个人情怀相结合，会让更多创新的模式在乡村落地生长。

9. 全流程

任何对乡村振兴有兴趣的团队都可以发起乡村的实验与运营，采用本章的方法论从头到尾参与全过程，在流程中发现、分析并解决问题。关键要设定流程的截止时限和工作节点，提高效率，并严格把控各阶段的投入与产出比。

10. 乡村需要建立与绩效挂钩的奖惩机制

到乡村来投资的人，希望通过在乡村中投资办厂、办企业、经营民宿、开餐饮店等取得收益。另一方面，许多非营利性质的乡村创新实践是以能得到社会舆论的认可，甚至是国内、国际奖项的认可为激励机制的。

第二章 案例分析

第一节
自然景观体验

一、斯洛文尼亚：布莱德乡村小镇

——欧洲之眼

LAKE BLED & TOWN BLED, SLOVENIA

从山上的布莱德城堡俯瞰布莱德湖，湖心岛上有一个圣玛利亚古教堂

关键词：布莱德湖　布莱德小镇　欧洲之眼　冰湖

价值点综述：

　　笔者于2017年5月到斯洛文尼亚布莱德小镇进行考察。小镇依靠着优美的自然生态环境吸引了全世界源源不断的游客，带来了巨大的消费收入，并且通过互联网的口碑营销确立了"欧洲之眼"的高端旅游定位。这里的民众有着稳定的经济收益，过着安居乐业的生活。总结起来，斯洛文尼亚是世界上第一个"绿色旅游目的地"的国家，因此乡村小镇很早就转型为"绿色景点"并一直坚持至今，这才是该乡村成功的关键所在，对中国的乡村很有借鉴意义，很值得我们的乡村去学习。

（一）了解需求

斯洛文尼亚的布莱德乡村小镇（Town Bled）是围绕着布莱德湖（Lake Bled）而建的，距离首都卢布尔雅那（Ljubljana）西北处55公里，位于朱利安（Julian）阿尔卑斯山的山脚下。美丽的布莱德湖及小镇在几个世纪以来都吸引着来自世界各地的游客，早已成为世界级的旅游、度假及水上运动的胜地。它不受季节限制，几乎全年游人如织。春秋两季，跳伞、滑翔机训练场挤满了游客；夏季，厌倦了城市喧嚣的人们沉醉于这里的湖光山色；冬季，游客可在布莱德湖畔及阿尔卑斯山南麓的滑雪场游玩。

从湖边远眺山顶的布莱德古城堡和山脚下的小教堂

湖边专门钓鱼的人，钓出一条大鱼之后拍
照称重，然后放生，没有伤害湖中的鱼类

游客在湖边木平台上聊天，然后下湖游泳

（二）明确定位

布莱德湖是斯洛文尼亚最著名的湖泊之一，湖长度为2.1公里，宽度为
1.4公里，最深处为30米。从地质学角度看，它是由冰川融化后形成的高山
湖泊，山顶积雪融水、山间清泉不断注入湖中，故有"最美冰湖"之称。这
里夏季水温在22摄氏度左右，是人们划船、游泳、钓鱼的理想场所。冬季多
雪，气候寒冷，湖面结冰达40厘米，非常适合冰上运动。这里曾多次举办过
欧洲和世界性的水上及冰上运动比赛。因此，明确小镇的定位为：斯洛文尼
亚"美景的标志"，是"天堂之境"（来自于斯洛文尼亚国家旅游局的说
法）。围绕布莱德湖进行环湖游览，布莱德小镇提供配套服务设施，如餐
饮、住宿（酒店及民宿）等，以自然美景、历史传说和康养保健的功能来打
动游客。

（三）聚焦爆点

　　布莱德湖、湖周边的山体森林、隐藏在森林中的小镇以及湖心岛上的圣玛利亚古教堂和山顶的布莱德古城堡等特色建筑物，共同构成了被称为"欧洲之眼"的爆点。乡村的管理者聚焦于此，不断深挖宣传，让更多人来旅游。如湖心岛的圣玛利亚古教堂是布莱德湖中的地标，这里流传着一段凄美的故事：传说16世纪初有一位忧伤的寡妇，为了纪念亡夫给岛上教堂运了一座钟，但是这座钟最后在暴风雨中沉入了湖底，因此教皇给教堂赠送了一个新的钟。所以，传说布莱德湖有一对传奇的钟，一个在湖心岛的教堂里，另一个在布莱德湖的湖底。每年圣诞节活动的时候，当地的民众和游客都会重温这个关于"沉湖之钟"的传说，据说这时候在教堂里祈祷能让你的美梦成真。又如耸立在湖边悬崖顶部的布莱德古城堡则是另一个地标，从这里俯瞰布莱德湖、湖心岛和周围的山峰森林是最佳的观赏角度。布莱德古城堡被认为是欧洲最漂亮的婚礼场所之一，也是斯洛文尼亚重要的外交会议场所。

走入布莱德古城堡，看到其建筑造型

从布莱德湖看小教堂建筑立面　　　　　　　　从布莱德湖边的森林看教堂建筑

（四）设置功能

布莱德湖畔被大大小小的建筑物所包围，大致分为如下几种功能：大型建筑如酒店、小型建筑如乡村民众自己生活的房子、民宿、餐饮酒吧及便利店等生活配套设施。环湖还有一些体育设施，如水上及冰雪运动的室内训练场馆、室外的赛艇及游船码头等。还有建在山坡上的看台区是举办上述运动的主席台和观众席，这些体育设施很好地隐藏在山坡和森林之中，利用原有的地形做出台地，有效地解决了土方平衡的问题。布莱德小镇外围的区域是山坡草场、森林及农舍等，适合农业及畜牧业，人口密度较低。

（五）营造空间

布莱德小镇的建筑通过如下七点来体现特色。第一，建筑物很有历史。第二，风格多元化，以德式风格的小屋居多。第三，街巷都较小，建筑间距很近，形成紧凑而多变的空间。第四，建筑与绿化融合得很好。第五，建筑物依山就势，巧妙地借用山坡地形。如教堂建筑很突出，有鹤立鸡群之感，也是小镇的中心地段和视觉焦点。沿湖的建筑点缀在山体森林之中，从湖中的视角看岸边的建筑和山体森林的天际线，整体的旅游环境非常自然生态。第六，某些特色的滨水建筑物成为布莱德湖边的建筑艺术展示品。水边的草坪及码头有许多游客坐着或躺着聊天，这里是游客最喜欢停留休息的地方。第七，环湖设置车行道，靠近布莱德湖的一侧设置人行道，保证人车分流及游客的人身安全。

布莱德小镇中的各色建筑造型

湖边的大草坪，供游客休息

布莱德湖边的游船码头建筑，设计成轻盈的观景建筑形式，可以爬上3层楼的高度俯瞰湖面

沿湖有多种活动项目：小火车、划船、钓鱼、骑行、乘坐马车、团队参观等

　　布莱德小镇民宿的兴起是从20世纪开始的，当时常有游客来到小镇之后临时决定多停留几天，由于没有提前预订酒馆客房，因此游客一般暂住于当地村民的家中，这样逐渐形成了具有当地特色的民宿形式。与品牌酒店不同的是，当地民宿大多是适合家庭住宿的套间，大多还带有单独的厨房，供度假者像在家里一样可以做饭烧菜。另外，靠近湖边、马路或风景点的村民家逐渐开起了餐饮店、咖啡馆及小卖店，吸引游客消费。总结起来，小镇的农家小院有如下三个特色：第一，花园有大有小，小的比较追求精致，以种植园艺花卉为主；第二，大的比较追求疏密结合，如有些家庭可以在花园里养马；第三，乡村民众一般都喜欢园艺，院子基本是对外展示的窗口。

乡村小镇的农家木屋，主人喜欢种花种菜

乡村小镇某些家庭在院子里养马

大多数农家庭院以精致的植物种植为主，开花特别丰富

某些靠近湖边的农家小院改造成餐馆、咖啡店或小卖店

（六）体验设计

旅游景点通过让游客来参与和体验，给游客留下深刻的记忆。如游客不仅参观景点，还乘坐小火车、马车以及在湖畔骑行；可以在岸边观赏清澈的湖水，看水中的天鹅和鸭子，在岸边钓鱼，下水去游泳、划船等。还有特色的湖中游泳池，让游客感觉是在湖里游泳一样，湖边的木平台上布置室外休闲吧，还有大草坪休息区域结合张拉膜及雕塑，一些靠近湖畔的历史建筑保留了下来，成为水岸边的公共服务设施或历史博物馆、展示馆。游客可以体验一种被称为"pletnas"的传统木船，这是几个世纪以来从湖边到湖心岛的交通工具。上岛之后，游客要爬上99级石阶，前往圣母升天教堂（Assumption of Mary Church）。返回湖岸后，游客还可以体验被称为"fijakers"的布莱德车夫带你从城堡俯瞰或顺着沿湖步行道和马车道观赏湖上的岛屿。

布莱德湖边的水上运动看台区域

布莱德湖边的游泳池

湖边的木平台及游船停靠点

在山坡森林中的乡村村民的住宅，惬意的生活

　　由于其优美的自然环境，布莱德湖很早就被认定为疗养胜地。在19世纪，很多水疗爱好者来到布莱德湖畔，为了体验瑞士医生阿诺德·里克利（Arnold Rikli）发明的水疗疗法。在20世纪初，布莱德湖被认为是奥地利-匈牙利最美丽的疗养胜地。当前，在湖的东北处还增加了新的温泉酒店和水疗设施。

　　另外，布莱德湖周边形成一系列溪流峡谷，其中最著名的被称为"文特加峡谷（Vintgar Gorge）"，早在19世纪就吸引游客慕名前来。溪流两侧为陡峭的斜坡。游客一边行走在狭窄的木栈道和桥体上，一边观赏溪流及瀑布的美景。木桥和观景长廊一路通往1.6公里长的峡谷，这里大大小小的瀑布飞流直下。一座曾经被用作铁路的单孔石桥耸立在峡谷的端头。

布莱德湖边的文特加峡谷

（七）运营管理

保护布莱德湖的生态环境，是该区域可持续性发展的根本措施。环湖的建筑，如酒店、民宿、服务设施等都是围绕着布莱德湖而建的，因此湖的水质维护直接影响到周边服务设施的收益，也影响到居民的生活品质，这是乡村小镇运营管理的重中之重。

（八）转型与坚持

斯洛文尼亚的布莱德乡村小镇很早就转型为"绿色景点"并一直坚持至今。正是由于布莱德湖及小镇有这样重要的生态环境，斯洛文尼亚才成为世界上第一个"绿色旅游目的地"的国家。2016年，斯洛文尼亚的绿色旅游目的地跻身全球100个最具可持续性的旅游目的地行列。总之，布莱德乡村小镇对中国的乡村很有借鉴意义，如绿色乡村及可持续性的理念都是很有远见的做法，值得我们的乡村去学习。

从山顶俯瞰皇后镇的湖泊和群山

QUEENSTOWN, NEW ZEALAND

——世界冒险之都

二、新西兰：皇后镇

关键词： 皇后镇　新西兰　冒险　自然景观体验　运动体验
极限运动　蹦极　喷射快艇

价值点综述：

笔者于2006年1月及2018年1月两次去新西兰皇后镇进行考察。小镇的爆点在于它是"世界冒险之都"。其体验设计是打造爆款项目，如蹦极、喷射快艇等，还有作为世界自然遗产的米尔佛德峡湾，可以观看高山瀑布。它对中国乡村的借鉴意义在于我们要敢于聚焦乡村的爆点并大胆创新。

（一）了解需求

皇后镇的名字来源于当时的英国殖民者认为这样的美景应属女王所有，由此得名"皇后镇（Queenstown）"。整个小镇的面积为25.55平方公里，总人口只有约2万，但是小镇每年游客的接待量超过300万。在2010年，皇后镇在"猫途鹰（Tripadvisor）"面对全球旅行者的年度评奖中获得"世界第一户外和探险目的地"的提名，同时皇后镇也在"世界前25名旅游目的地"中排名第15。在2012年，《孤独星球》将新西兰南部湖区（包括皇后镇）选为世界排名前10位的旅游地区之一。根据新西兰旅游局的数据，截止到2017年5月按照新西兰观光地花费总额的地区排名，皇后镇位列在前三位之中。

（二）明确定位

皇后镇定位为新西兰南岛最重要的旅游度假及户外探险体验小镇之一，有着"世界冒险之都""新西兰的户外活动天堂""寻求冒险者的麦加"等诸多美誉。因为有瓦卡蒂普湖（Lake Wakatipu）及周边的群山这些独一无二的湖光山色，才让今天的皇后镇成为与湖山共生共融的乡村小镇典范。

瓦卡蒂普湖及周边群山，清晨晨雾弥漫

游客在湖边的矮墙围挡处眺望整个瓦卡蒂普湖

从气候上看，皇后镇四季分明，气候宜人，每个季节都有着截然不同的风貌，可以参与不同的体验活动。特别是从1947年开始的冬季滑雪活动，使之成为新西兰唯一一个全季节性的旅游特色小镇。从地理上看，南阿尔卑斯山脉及周边山体的森林植被基本保留完好，都呈现原生态的面貌。因此，皇后镇的很多旅游活动及体育运动设施是隐藏在山谷森林、湖泊和周边的河谷之中的，体现出内容多样性。

（三）聚焦爆点

皇后镇的爆点总结起来就是：世界冒险之都及与湖山共生共融的特色小镇典范。抓住年轻游客的冒险热情，让他们体验超越极限的运动，让旅游产业与运动产业相结合，并带来高额的收入。例如在小镇多元化的商业街区购物也能给游客带来肾上腺素激增的感觉。在很多地方，高档时尚珠宝首饰和高质量的户外装备店是有着巨大差异的，基本不会同时出现，而在皇后镇却只需要不到两分钟的步行距离。在销售户外探险用品商店中，最熟悉的商品是"户外抓斗稳定索"（tag-line），因为小镇是"冒险真正开始的地方"。

（四）设置功能

皇后镇的兴起与19世纪60年代的淘金热有关。经过一百多年的经营和建设，皇后镇逐渐形成当前的规划布局和公共设施体系。由于沿湖到山脉的地势逐渐升高，所以很多房子集中在靠近湖边的相对平坦的区域，越往山坡的高处走，建筑物越少，而且往往依山就势，借助大树遮阴掩映。从远处观看，沿着山脉布置的建筑形态高低错落，很有韵味。山脉的中部和顶部基本都是被森林所覆盖。

皇后镇中心区域是其发源地，商业、酒店、餐饮、零售、娱乐等服务设施及居住区域都比较成熟，种类丰富。同时它是周边区域的游客集散中心。因为这里大部分的户外项目都在附近的山谷、湖泊及其他小镇，如箭镇（Arrowtown）、格林诺奇（Glenorchy）等，因此这里提供各类旅游资讯和路线定制服务，来帮助游客更便捷地参与活动。

弗兰克顿区域（Frankton）在整个瓦卡蒂普湖的最东侧，是新开发的区域，主要是以机场、大型购物中心及相应的配套服务设施为主。在瓦卡蒂普湖的南侧基本为山坡地，保留大面积的森林覆盖，沿湖为半岛公路（Peninsula Road），直达西南面的凯文半岛区（Kevin Peninsula）。该区域是以度假、娱乐、体育活动设施为主，如最西端的高尔夫球场（Queenstown Kevin Heights Golf Course）。而且，该区域在未来的规划中预留了一大块娱乐设施开发用地。

皇后镇的中心区域由三条"丁"字形的车行主干道贯穿，每条主干道都有不同的功能和业态，由此划分出不同功能区：

由小镇中心往西走是湖滨大道（Lake Esplanade），可称为"酒店一条街"，几乎所有的酒店客房都朝向瓦卡蒂普湖，高、中、低档的酒店都有，满足各种层次的游客需求。除了星级酒店，还有湖畔公寓式酒店以及背包客栈，甚至还提供小木屋，这也是来皇后镇度假的家庭游客的热门选项之一。

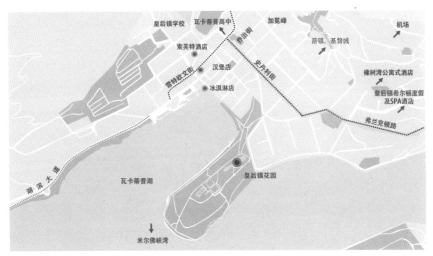

皇后镇中心区平面图

雪特欧文街（Shotover Street）为需要参加各种户外运动的游客服务，如游客信息中心、冲浪用品店、滑雪板商店、跳伞运动中心、峡谷秋千中心、汽车租赁公司等都在这里。这条街周围的几条小巷子聚集着来自世界各地的美食小吃，其中不乏多家常年排队的网红店。如笔者2018年亲身体验的"Fergburger"汉堡店，这是皇后镇地标性的美食店，被CNN评价为"全世界最棒的汉堡"，几乎每时每刻门口都排着购买汉堡的长队。味道很棒，汉堡内夹的牛肉很新鲜，价格还很公道。

"Fergburger"汉堡店的室外排队场景

汉堡店的室内取餐场景

往北的乔治街（Gorge Road）是一条历史悠久的道路。一路风景优美，地势往高处走，通往峡谷、加冕峰（Coronet Peak）和箭镇。这条路承担了小镇居民日常的行政和生活服务功能，如医院、学校、汽车修理店、大型超市及杂货店等。

南面的史丹利街（Stanley Street）和弗兰克顿路（Frankton Road）是通往弗兰克顿区域的主要车行道路。而雪特欧文街和史丹利街沿湖包围的一块区域则是整个皇后镇中心区域的核心地段（CBD）。这里布满各类沿湖餐厅，与雪特欧文街周边小巷的餐厅不同，沿湖的餐厅基本以规格和层次更高档的西餐和酒吧为主。在瓦卡蒂普湖的尽端风平浪静之处形成主要的广场与休息区域，这里是步行街与精品店最好的位置，也是整个小镇风景最优美、最有活力的地方，湖边、广场及人行道上有各种歌手、自由街头艺术家的表演。这里还有LV等世界级的名牌店，网红"Patagonia"冰淇淋店，还有艺术画廊。特别是在商业街区和皇后镇花园（Queenstown Garden）的交界处藏着一个索芙特酒店（Sofitel）。住在这个酒店之中，推开窗就能看到狭长的瓦卡蒂普湖，意境美轮美奂。特别是酒店的室外就餐区，种植了两大片绣球，夏天开满蓝色的花，给游客的感觉非常优雅时尚。游客们沿湖散步后，坐在餐厅里边吃饭边观赏湖景。到了夜里，这块区域是整个小镇最热闹非凡的地方。餐厅都变身为酒吧夜店，白天痴迷于极限运动的年轻人围聚在这里进行又一场狂欢。

湖边的码头区域，游人如织

湖边的大草坪区域，周末举办摆摊的集市活动

湖边的餐厅生意极佳，游客一边看着湖景一边品尝美食

湖边的草坪，是公共开放的休息空间

湖边的商业街区及特色的建筑物

湖边造型现代的 LV 旗舰店

湖边的商业街区的建筑造型及细部

网红 Patagonia 冰淇淋店的建筑立面　湖边的索芙特酒店

艺术画廊的室外建筑立面、景观及雕塑作品

湖边的公共雕塑艺术作品

皇后镇的交通功能如下。

（1）车行交通功能。

皇后镇主要的车行交通干道为双向两车道，由于小镇人口较少，足够使用。这几年由于源源不断的游客涌入，皇后镇的交通体系越来越难于承受巨大的车流量。由于一年四季都有不同类型的旅游项目，所以人流和车流量不再是几个月旅游旺季的瞬时高峰，而是保持恒定的持续增长。当前，皇后镇正在兴建或改建若干条主干道，拓宽或增加桥梁等基础设施建设，满足日益增长的车流问题。可以说，是旅游业推动了整个小镇的交通体系发展，但是不能以破坏居民的生活质量和周边自然生态环境为代价。

（2）步行交通功能。

步行道路系统是丰富而多变的。由于是坡地，所以上上下下的楼梯与台阶特别多。许多建筑也是依山就势，竖向高差非常复杂。另外，一些登山路径、徒步路线、骑自行车极限运动的路线等都是从小镇进入山脉和森林，依山就势，到达不同的山峰，形成远眺皇后镇和瓦卡蒂普湖的独特视角。

湖边的林间跑步道

很多当地人及游客早起进行跑步、骑行等体育运动

（3）水上交通功能。

通过船舶在瓦卡蒂普湖的两岸运送出行者是最为便捷的交通方式。这里有设施齐全的码头，方便各种各样的船只停靠。例如水上巴士船（Water Taxi）是这里重要的水上交通工具。船体不大，能坐25人左右，基本能解决湖两岸出行者的交通问题。

（五）营造空间

1. 皇后镇的建筑风格

在皇后镇，建筑的体量、形态各异，但呈现出自由生长的美感，不是呆板单调的规划效果。皇后镇的建筑除了商业街区的建筑之外，大多数为住宅，虽然近看呈现出木质小屋的造型，感觉不够牢固结实，甚至有些简陋，但是隔湖远眺整个小镇，许多建筑的立面高低错落，依山就势，色彩缤纷，

湖边的坡地形成各具特色的住宅楼

并与山体的森林植被相结合，形成优美而宜居的生活环境。

2. 皇后镇的景观风格

皇后镇的景观保留了自然原生态的面貌，如森林的边界、湖泊中的岛屿、水中的树丛等。又如道路边的芒草种植精致飘逸，而又显得自然，特别是高大的芒草成为某个景点的视觉焦点，也是建筑物很好的点缀。还有一些人工化的景观，如湖边广场中心大草坪区域供游客坐着休息，海鸥在身边飞舞，有歌手在弹琴唱歌，这些都是很实用的公共空间及城市广场。另外，还有一些街道绿化、台地绿坡等，设计感极强，用的材料也很有工业感，不奢华，很简洁实用，体现了新西兰的设计风格和品位。

湖边的自然景观，如大树　　　　湖边的野生芒草

　　皇后镇有两块集中绿地是其最重要的景观：这两块集中绿地是伸入瓦卡蒂普湖中的两个半岛，一个是皇后镇花园，另一个是以高尔夫球场为主的运动休闲半岛。这两个半岛从山顶咖啡馆俯瞰下来，是皇后镇的视觉焦点，绿意盎然，成为湖中的两块明珠。这两块半岛绿地扼守住瓦卡蒂普湖东段的狭长形水域，使旅客乘坐游船观赏湖景时有特殊的对景。特别是皇后镇花园，建于1887年，被誉为皇后镇的"皇冠首饰"（Crown Jewel of Queenstown Reserves）。花园中有很多生长了几百年的大树，高大挺拔，浓荫蔽日，生态环境保护得非常好。沿湖边打开了一片大草坪和砾石沙滩，可供游人眺望平静的湖水和远处白皑皑的雪山（The Remarkables），让人神清气爽，心旷神怡。在花园中有一个大型的儿童活动场地，有着丰富的儿童运动器械，吸引大量的儿童在此处玩耍，家长在附近陪伴、看护和交流。这里没有被用来开发私家别墅豪宅，而是成为皇后镇所有人运动休闲的公共设施和开放场所，让每个人都可以共享，这是开放绿地及公共设施的价值所在。

从山顶瞭望台俯瞰整个皇后镇的湖泊、建筑及两个特色的绿岛

环湖生态公园的景观，从沙滩看平静的湖面　公园中的咖啡馆

公园中的极限运动场地　公园中的门球场地

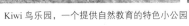

Kiwi 鸟乐园，一个提供自然教育的特色小公园

（六）体验设计

皇后镇自然环境干净整洁，湖泊及雪山都是世界级的。由这样的环境孕育出蹦极为代表的极限运动热潮，并吸引来全世界崇尚冒险的年轻人，传播出以运动体验为主的旅游影响力。

1. 爆款体验项目——蹦极，感受心跳

皇后镇是第一个创办商业化蹦极——AJ Hackett蹦极公司的所在地。1988年，亨利·范·阿希（Henry Van Ash）和哈克特（AJ Hackett）决定做点好玩的事，他们在皇后镇的卡瓦劳河流上方43米的大桥上拉起一根绳子，这根绳子从此拉开了全球商业化蹦极的大幕。从此，卡瓦劳大桥成为全球极限运动爱好者必来之地，无数人来此朝圣。

游客还可以在皇后镇LEDGE中心体验自由式蹦极，蹦极的高度是47米。蹦极场地位于皇后镇上空400米高空缆车的最高处，这里有绝佳的摄影角度，你的蹦极姿势与皇后镇绝佳的风景融为一体，留下你人生最难忘的回忆。这里还有夜间蹦极、绑腰跳跃等多种形式。

总之，以蹦极为代表的极限运动起源于皇后镇，并在这里被全世界的极限运动爱好者所朝圣和体验，这代表了皇后镇伟大的冒险精神和创新精神。

2. 喷射快艇

喷射快艇也是皇后镇首创的令人肾上腺素飙升的刺激运动。这项运动开始于1958年夏天，由皇后镇的一对兄弟使用全新汉密尔顿快艇30在卡瓦劳瀑布大坝完成了第一次喷气动力航行。这项活动很快受到皇后镇当地人和游客的喜爱。不久之后，兄弟两人创办了世界上首个商业喷射快艇运动公司。六十年来，多家快艇公司为全世界慕名而来的游客提供最好最快的喷射快艇体验。

3. 乘坐百年遗产蒸汽船畅游瓦卡蒂普湖和瓦尔特峰高地牧场

TSS厄恩斯劳号蒸汽船（TSS Earnslaw）于1912年首次下水，是瓦卡蒂普

在湖中乘坐 TSS 厄恩斯劳号蒸汽船体验皇后镇

湖历史上最大、最华丽的蒸汽船，也是南半球当前还在运营的最古老的燃煤蒸汽船，被戏称为"湖面贵妇"。英国伊丽莎白女王和菲利浦亲王、比利时国王和王后、泰国王子等都曾搭乘过该蒸汽船。游客可以在船上看到小镇特色鲜明的建筑、平静的大湖以及两岸高耸的山峦。

4. 米尔福德峡湾（Milford Sound）——1990年被列入世界自然遗产名录

这片由冰川侵蚀而成的年代久远的峡湾区域遍布高耸入云的悬崖、白雪覆盖的山脉、郁郁葱葱的森林和数不胜数的高山瀑布。这里的动物种类也非常丰富，有宽吻海豚、毛皮海狮、峡湾冠毛企鹅和小蓝企鹅等，甚至有时候可以看到鲸鱼出没。作家纳迪亚德·吉普林（Rudyard Kipling）曾将米尔福德峡湾描述为"世界第八大奇迹"。标志性的米特峰（Mitre Peak）从湖面上拔地而起，在峡湾宁静避风的水面上留下完美的倒影。峡湾中的斯特林瀑布（Sterling Falls）高达155米，最深处与麦特尔峰（Mitre Peak）的落差达265

乘坐游船游览米尔佛德峡湾

高达百米的大瀑布从山顶奔流而下

乘坐喷气式飞机,从空中俯瞰峡湾

米。另外,鲍恩瀑布(Bowen Falls)和米尔福德峡湾观景徒步道(Milford Sound Lookout Track)也是峡湾中很有特色的景点。

5. 爆品酒店体验

(1)皇后镇希尔顿度假及SPA酒店(Hilton Resort & Spa)。

从建筑设计来看,希尔顿酒店的建筑形式现代简洁,木质材料与大面积的砖墙、玻璃相结合,整体为钢结构,有地域性特色,也适合工业化生产体系。特别是当游客从湖中远眺这个建筑群,它优雅的立面造型与背景的绿化相互衬托，倒影在瓦卡蒂普湖的水面上，成为一个融合优美风景为一体的度假区域。

从室内设计来看，酒店的大堂不像国内豪华酒店那样气派宏大，给人的感觉是平淡而简洁的风格。由于整体材料是以木质材料为主的，略显昏暗，但是远眺瓦卡蒂普湖的视野则十分壮观。另外，酒店的餐厅室内场景也给笔者留下了深刻的印象：餐厅里坐着的绝大多数是盛装出游的老人，酒店人员的热心服务，让这些老年游客感觉很舒服，这应该是星级酒店的核心价值所在。但是，酒店客房区域的走廊很长，由于客房很多而且很相似，所以游客走在里面会分不清方向，感觉很混乱。笔者发现酒店的大堂在第四层，我们住的客房在第五层，靠近湖边的花园则在第一层。这说明了这个建筑是建在斜坡之上的，依山就势地进行布局。

从景观设计来看，酒店沿瓦卡蒂普湖的一侧有一条砂砾石小径，这里的植物是精心搭配过的，但让普通人感觉几乎是全天然的。约1.5米高的白色芒草与餐厅的落地玻璃窗互相映衬成为主景，大面积低矮的芒草铺成面状的效果，局部区域穿插点缀几棵不同的多年生花灌木，整体统一，而且还有高差变化。由于这是一个在斜坡上的绿化种植区域，餐厅这一排建筑的标高大约比湖边人行小径高出约2米，所以很多植物是在斜坡上种植的，这也增加了希尔顿酒店的私密性。试想如果是很生硬地建一个围栏或围墙，那样酒店一层内部的客房及餐厅观赏湖面的视野也被遮挡了。而从餐厅室内可以看窗外摇曳的花草，再透过花草看到一片碎石滩及清澈的瓦卡蒂普湖水面。湖中有一些绿意盎然的小岛，湖对岸是层峦叠嶂的远山和隐藏在树林中的一栋栋别墅住宅。

（2）橡树湾公寓式酒店（Oakshore Hotel）。

橡树湾公寓式酒店所处的

酒店的 LOGO 牌

1 酒店的建筑立面及沿河景观

2 从希尔顿酒店的大堂远眺对面的湖光山色

3 对面的湖泊、山体和建筑群景观美轮美奂

① 酒店用芒草打造的自然景观

② 从酒店的道路通过绿化区域，走向湖边

③ 从酒店的高处俯瞰瓦卡蒂普湖的局部一角

④ 沿湖的散步道，骑行者看到周边是一线湖景，骑行的是两位 70 多岁的老者

⑤ 酒店的散步道、芒草休息区、码头及树林绿化区域

地段比较好，离皇后镇的中心商业街区很近，步行十多分钟即可到达。

从建筑设计来看，酒店也是建在斜坡上的，三层平台有着三幢不同标高的建筑物。标高从山坡区域往水边下降，三排公寓楼的地坪面高差很大。

从室内设计来看，公寓式酒店的客房内有厨房、客厅、一大一小两个卧室，很适合一家人旅游居住。游客可以去附近的超市买牛排、鸡肉、蔬菜、牛奶、麦片等回来，一家人自己做一两顿好吃的饭菜。而且酒店的视野极好，打开客厅的落地窗，就能看到瓦卡蒂普湖呈现在眼前，远处是起伏的群山。

从景观设计来看，两栋客房楼之间的平台是主要的花园，为了节省投资成本并没有种植乔木，而是形成一个开阔的场地。平台花园中有几块种植花坛区域，种满各种低矮的灌木及花草。场地上的铺装做法如下：用大块的混凝土板作为铺装，下面安装用铰接件固定的铺装支撑器，下雨的时候水就可以渗透下去，铺装下面有集水槽可以把雨水及时排掉。花园的铺装场地上布置了室外的烧烤炉、大长桌和座椅等用具，可以在花园里举办如烧烤等各种聚会活动。通过二层平台侧面的钢楼梯往下走，垂直距离约20米，到达离湖面最近的第三层平台。这块区域基本以绿化草坪为主，客房楼的一层可以直接走出来站在草坪上，近距离观看湖面或直接走到湖边的小径上跑步与骑行。

① 公寓酒店位于临湖的山坡之上，其建筑立面十分现代　② 公寓酒店下方干净的草坪和步行道路区域

③ 从公寓酒店沿着台阶走下来到达湖边　④ 从公寓酒店远眺瓦卡蒂普湖的局部一角

（七）迭代实验

笔者分别于2006年及2018年两次去皇后镇旅行考察。时隔12年之后再观察皇后镇，除了一些商铺经营主题的更迭之外，感觉小镇的面貌基本没有太大的变化，自然环境保护得非常好。这说明小镇不是以破坏自然生态环境为代价来发展旅游业和经济的，不追求快速发展，而追求可持续的高质量发展。

小镇的酒店也在不断地迭代实验，如酒店客房逐步采用无障碍客房的做法。如希尔顿"无障碍客房"，其卫生间是普通卫生间的2倍大，内部有很多无障碍设施。它的进深很长，宽度也比较宽。到处都有防摔倒的扶手，坐便器旁边还设置适合残疾人坐憩休息的位置，可以摆放一些书籍或急救设备等。浴缸的尺寸也很大，浴缸周边也布置了方便残疾人使用的各种类型的扶手。

关于常规的星级酒店和公寓式酒店的对比如下：常规的星级酒店基本每一间客房只有1~2张床，适合1~2人的商务旅行；而公寓式酒店的客房面积比较大，可以住更多人，特别适合一家3~5口（有2~3个小孩）的家庭。当然，公寓式酒店就像一个家庭的住房一样，有厨房和客厅，可以自己烹饪，符合一般人的生活习惯，而且在价格上比星级酒店便宜，性价比高。公寓式客房提供的设施有洗碗机、各种刀叉、杯盘等餐具都很齐全。酒店每天都有专职服务员来收拾房间。游客选择常规的星级酒店还是公寓式酒店，需要根据出行的人数和度假旅游的方式而定，这也是小镇不同类型酒店进行迭代实验的过程。

（八）运营管理

皇后镇行政管理部门的职责如下：维护好基础设施；注重安全保障，防止恐怖袭击等危机发生；保护生态环境不受污染和破坏，如周边雪山森林和湖区水质干净；每年组织各种主题活动，鼓励公众提供创意，让游客来体验不同的项目；关注皇后镇品牌价值的提升，也是小镇竞争力的表现。

皇后镇的盈利能力主要体现在各个商业、酒店、体育探险活动、旅游服务业的公司各自提升盈利能力。大家依靠皇后镇这个平台合作共赢，做大"小镇旅游"这一块蛋糕。根据市场的喜好程度、营销推广以及好玩的程度而自由发展，如蹦极和喷射快艇的发明者都是年轻人，这说明在皇后镇鼓励年轻人创业，体现出皇后镇人有一种发自内心的冒险精神。另外，有一些相对大型的旅游公司，如真实旅程（Real Journeys）等公司大多是家族企业，有着100多年的历史。又如南半球的蒸汽船TSS旅游公司也是家族产业，一代代人传承下去。总之，在皇后镇得天独厚的环境中扎根深挖、创新继承，就能做出独一无二旅游事业。

关于交通后勤的管理，核心是交通设施是否会破坏自然生态的环境，这是考虑是否上马交通设施的衡量标准。最重要的是不能大拆大建，要依山就势并合理利用资源，做出人与自然和谐的交通体系。

关于人员培训管理，来自世界各地的旅游从业者接受良好的教育与培训，各种极限运动的忠实粉丝自愿留在这里成为运动的服务者，在帮助其他旅游者的同时实现自身的价值，他们找到自己的兴趣爱好而开创自己的公司，这是很多年轻人愿意留在皇后镇的一大原因，也是皇后镇充满活力、生生不息的原因。

（九）转型与坚持

因为皇后镇极佳的自然环境，与湖山共生共融以及其全世界冒险之都的名声而留住了源源不断的人才，"自由开放、大胆创新、勇于冒险、挑战极限"等精神是小镇的核心价值观。要坚持上述这些优点做下去，把品牌越做越大，吸引世界更多的游客前来旅游，创造更大的经济效益。同时，要坚定不移地保护好小镇的自然生态环境。另外，可以在一些冒险及极限运动的类型上继续创新和转型，产生新的增长点。它对中国乡村的借鉴意义在于我们要敢于聚焦乡村的爆点并大胆创新。

远眺艾尔斯岩

三、澳大利亚：艾尔斯岩乡村小镇
——沙漠巨岩的故事

ULURU & AYERS ROCK, AUSTRALIA

关键词：澳大利亚　艾尔斯岩　世界自然及文化遗产
沙漠体验　土著文化

价值点综述：

　　笔者于2017年7月去澳大利亚艾尔斯岩乡村小镇进行考察。其爆点在于小镇及艾尔斯岩国家公园为世界自然及文化遗产，它"包含了唯一的、珍稀的以及极为独特的自然现象、地质构造和特色生物"。小镇的体验设计围绕着这块巨岩推出约65种体验项目，如沙漠夜宴、沙漠观星、艾尔斯岩攀登及沙漠光域展示等，带来了丰厚的体验经济收益。它对中国乡村的价值在于针对自身的特色进行深度的挖掘和开发。

（一）了解需求

艾尔斯岩乡村小镇从地理上来看位于澳大利亚大陆的腹地，处于古老而干旱的红土地区域。除了当地土著民族生活于此之外，大多数区域都荒无人烟，只有久经风化而形状奇特的岩石散落在这片广袤的沙漠之上。从气候来看，小镇属于干旱或半干旱地带，气温从冬天的5摄氏度到夏天超过40摄氏度，变化非常剧烈。大部分地区不适合人类居住。

艾尔斯岩乡村小镇的地质构造成因是最吸引游客前来旅游的一大因素。由于风化作用和侵蚀作用塑造出今天我们看到的圆形的岩石之丘——艾尔斯岩（Ayers Rocks，土著语为"Uluru"，以下称"艾尔斯岩"）和卡塔丘塔岩（土著语为"Kata Tjuta"，以下称"卡塔丘塔岩"）的造型。两块岩石表面充满了坑坑洼洼的形态，其中有许多山洞、大而深的切口、很深邃的肋骨状的裂缝以及溪流穿过的山谷等。在艾尔斯岩中还发现了许多不同类型的岩洞。另外，经过几百万年的雨水冲刷，已经使艾尔斯岩中的水流成为瀑布状跌落到岩石上，并把它们腐蚀成凹槽、链状的蓄水洞穴以及瀑布下的水塘。

总之，游客来小镇旅游的需求是对这片区域的自然地理和历史文化价值的体验。

（二）明确定位

从艾尔斯岩乡村小镇的定位来看，世界自然及文化遗产的国家公园定位是独一无二的，澳大利亚内陆的土著文化定位是极具地域特色的，沙漠酒店的定位是追求野奢与自然的，体验项目如日出之沙漠唤醒与日落之沙漠夜宴、沙漠观星、艾尔斯岩攀登、沙漠光域艺术等定位是让游客终生难忘的。

（三）聚焦爆点

从世界自然遗产的爆点来看，艾尔斯岩和卡塔丘塔岩是世界级的地标性的沙漠巨岩，1994年艾尔斯岩国家公园成为世界自然和文化遗产。就如世界遗产名录所述，国家公园及特色小镇"包含了唯一的、珍稀的以及极为独特的自然现象、地质构造和特色生物"。从世界文化遗产的爆点来看，澳大利亚内陆地区的土著民族是全世界最古老的民族之一，其食物、语言及艺术具有很重要的文化和历史保护价值，这也是吸引游客来旅游的重要因素之一。

（四）设置功能

关于公共的开放空间及风景园林设计充分考虑了人使用的便捷性。如西侧区域中心的小镇广场有会议厅、商业区等综合性服务设施的建筑，中心为一个休息及活动的广场，靠近车行道则为一大片开敞的草坪。这些公共空间都为游客提供了很好的休息区域，也是游客活动交流的场所。

公共交通及停车规划也是从游客使用的角度来考虑和设计的。如在整体小镇的空间布局中，根据酒店的位置提供了多个就近停车的场地，以便驾车出行的游客家庭使用。而露营地则以房车停靠为主。另外，还有免费的小镇穿梭巴士每天循环运行，几乎每20分钟一班车。巴士停靠在酒店、露营地、小镇广场、土著艺术中心、骆驼农场以及国家公园的出入口。

活动设施考虑了各个年龄段的游客进行使用，特别关注了儿童体育活动的设施，如各种儿童活动器械等。在小镇的四个不同的区域都设置了室外泳池或戏水池，可见澳大利亚人对游泳运动的热爱。

（五）营造空间

1. 整体规划理念：仿佛隐藏在沙丘和绿化之中的巨蟒，注重生态环保和可持续发展

澳大利亚内陆地区的艾尔斯岩乡村小镇是世界级的旅游度假小镇。小镇的形态非常像一条隐藏在沙丘和绿化之中的巨蟒。在小镇及周边的国家公园区域有地球上最惊艳的自然景观奇迹，有历史久远的土著传说故事，还可以亲眼看到被百万星星所照亮的夜空。特别是艾尔斯岩和卡塔丘塔岩，这两个世界级的地标非常值得体验。

艾尔斯岩乡村小镇的空间布局有如下两点：第一，整个空间布局因地制宜，保留了场地中大量的原生植物，并结合建筑布置，形成沙漠中宜居的生态环境。如沙漠风帆酒店和沙漠花园酒店的建筑与景观设计都巧妙地将植物群落与酒店建筑融为一体，形成特色的花园效果。而沙漠原生的地被灌木则被保护起来，形成片状空间，并在其中穿插结合步行道路。第二，西侧的建筑布局严谨、简洁，交通流线清晰，建筑的形态以长方形的体块形态为主，这样的平面易于客房的使用，空间布局较为经济实用。当前，东侧的建筑不多，也给未来的发展预留出空间，将来可以引进更多更有特色的酒店或服务设施。

艾尔斯岩乡村小镇围绕着中心的一片自然生态区域展开。自然生态区的外部是一条车行道，由小镇免费的穿梭巴士运送游客去不同区域。自然生态区的内部则有几条小型穿越性步行道，游客可以步行或骑车，通过东西方向的小道到达不同的酒店区域。

关于艾尔斯岩乡村小镇的周边情况如下：小镇往南是乌鲁鲁–卡塔丘塔国家公园（Uluru-Kata Tjuta National Park），到达公园入口约4公里，而到达公园内部的土著文化中心约17公里。应该说，小镇离国家公园有一定的缓冲距离，这样可以保护国家公园的生态环境不被破坏，人类不与动植物发生冲突，保护各自安全的生活环境。小镇往北约8公里是澳大利亚内陆艾尔斯岩地区的飞机场 [Connellan （Ayers Rock） Airport]，这是该地区唯一一个机场，比较小，但设施比较齐全。应该说，许多关于小镇的空间布局都能反映出其运营团队对环境的敏感性和对该区域土著居民的尊重。

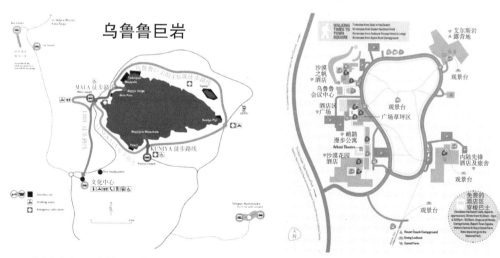

艾尔斯岩旅游区总体规划及度假区总平面图

2. 重要的地标建筑物

（1）沙漠风帆酒店（Sails in the Desert）。

这是小镇最高端的五星级酒店，以巨大的"风帆"形状的张拉膜结构为主体造型。客房数量很多，并有餐厅、酒吧、室外泳池、红土SPA等非常齐全的配套服务设施，体验感很好。酒店的客房顶部全部安装了太阳能板，体现出强烈的环保和可持续发展的意识。其室内的装饰灵感源自土著文化，并在整个公共区域和客房布置土著艺术品，特别是酒店大堂内的艺廊"Mulgara Gallery"展示着多种令人印象深刻的土著艺术作品。而且，建筑物的花园与庭院之中茂盛地生长着大量的乡土植物，将张拉膜大堂、室外游泳池、大草坪及客房建筑都掩映在大树的光影之中。建筑的室内外空间都美到极致，是一个杰出的沙漠建筑奇迹，也是小镇雄心勃勃发展的象征之一。

沙漠风帆酒店的建筑外观

沙漠风帆酒店的泳池及花园

沙漠风帆酒店的室内空间

沙漠风帆酒店的
沙漠花园

（2）沙漠花园酒店（Desert Garden Hotel）。

这是一所四星级的酒店，条件也非常不错，客房有类似别墅的感觉，也配套有餐厅、酒吧和室外游泳池。酒店的特色在于其非常漂亮的花园，生长着原生态的浓密植物，游客在花园之中休憩、散步、游泳，仿佛是住在森林之中。而从森林般的花园中走回客房，竟能从窗户中远眺到艾尔斯岩和周边的沙漠，这是在澳大利亚内陆极特殊的旅游体验。

沙漠花园酒店的
泳池及草坪景观

（3）帐篷及露营地。

帐篷及露营地是一大块草坪和砾石所结合的区域，明确划分出一个个房车的停车位，并提供给每个房车水、电的接头（有供电区和不供电区两种不同的分区），使之可以方便在室外生活。在集中的大草坪中心部位有一个木结构的建筑物，内部设置烧烤炉、灶台，甚至冰箱、微波炉等厨房烹饪设施，供不同的房车主人烧烤、聚餐、交流等活动使用。还有一个建筑物为公共厕所及淋浴间，男女分开，干净整洁。许多澳大利亚人喜欢开着自己的房车到小镇来度假，把车停在艾尔斯岩的山脚下，夜晚点着篝火看着巨石和星空，这种体验独一无二，令人终生难忘。

房车露营地

（4）国家公园内的土著文化中心：土著民族的传承和故事的延续。

土著文化中心修建于1994年，建筑围绕着一个中心庭院展开，建筑的形体寓意着两个土著民族的祖先"Kuniya"和"Liru"。在建筑室内有一个影音室，循环播放着艾尔斯岩地区和土著民族的文献纪录片，让游客了解土著民族，并认识到国家公园自然和文化的价值。

　　文化中心的建筑设计非常有特色，其建筑的形体看似随意，但设计和施工非常讲究。屋顶是木结构加茅草覆盖，墙体基本是夯土制作而成，内部支撑结构是钢结构。总之，看似乡土的建筑物安全稳定，内部空间高大开阔，感觉也很好。建筑物的墙上增添了一些土著的壁画图案，整个空间很有氛围。小装饰品很漂亮，也很有特色。

　　当地的旅游管理部门也很尊重当地土著民族的文化。例如在一些土著人的文化敏感区域，就不让游客拍照。保护土著人的传统不被世界其他区域的人所传播，也是保护他们的隐私权。

国家公园内土著文化中心的建筑造型，十分乡土粗犷

国家公园内土著文化中心的绘画艺术作品

国家公园内土著文化中心的室内空间

（六）体验设计

1. 常规项目

有公交游览、飞机鸟瞰、高空跳伞、参与土著的艺术活动、骑自行车探险、骑摩托车奔驰、骆驼骑行、红土SPA等超过65种的旅游体验活动。

2. 爆品项目

（1）日出之沙漠唤醒与日落之沙漠夜宴（土著语：Tali Wiru）：全世界独一无二的沙漠巨岩下的饕餮盛宴。

土著语"Tali Wiru"，意味着美丽的沙丘，在土著阿南格族的语言中表达出了在沙漠地区的天空之下聚餐的美景。不同于室内的餐厅，这种在大自然中露天的聚餐，既可以近距离观赏艾尔斯岩壮丽的景观，又可以远眺卡塔丘塔岩遥远的轮廓。这是在沙漠深处寂静的凌晨与夜晚中独一无二的氛围。游客们喝着香槟，吃着西式餐点，等待太阳升起和落下，听着迪吉里杜管（Didgeridoo）的音乐之声。

徒步、骑自行车及骑骆驼等活动

沙漠之日出唤醒

清晨体验黎明前的宁静，沙漠土地中的艾尔斯岩和卡塔丘塔岩在星空之下展示出令人惊叹的颜色，仿佛在叙述着生命的变幻轮回。当太阳升起并照射在山体之上时，我们可以观察到艾尔斯岩和卡塔丘塔岩从巨大的灰色阴影变成丰富的红色。而当白天转变为黑夜，游客漫步到沙丘的顶部，在沙漠的景观之中见证艾尔斯岩和卡塔丘塔岩的日落，就如同我们观赏日出一样激动人心。当太阳全部落山，周边一片漆黑的时候，我们所在的沙丘顶部区域逐渐亮起灯火。大家围坐在数十个圆桌旁，品尝一桌独特的晚餐。其食材为澳大利亚当地的丛林动植物制作而成，如鳄鱼肉、袋鼠肉、澳大利亚肺鱼肉和澳大利亚特有的大杜英果等。在晚餐之后，一位演述者将讲述这里的土著文化故事。总之，这令人震撼的世界级自然景观与沙漠巨岩下的饕餮盛宴大大超越了以往的美食体验，成为每位游客终生难忘的美好回忆。

（2）**沙漠观星**：由于这里的低湿度和最少的光污染，小镇是全世界观赏星空最好的地方之一。

当沙漠晚宴结束之后，灯火逐渐熄灭，我们抬头仰望天空，发现无比震撼的繁星和银河系出现在眼前。这时候，星语者出场并开始了激情澎湃的演讲，他会向大家介绍各种星座。不得不说，这个小镇是全世界观赏星空最好的地方之一。低湿度和最少的光污染环境让这里的星空分外清晰，这一旅程将带着游客探索与发现南半球的夜空，并会有当地的天文学家指导游客观察宇宙的进化，探索广袤的夜空景观。

日落之沙漠夜宴

（3）沙漠光域（Field of Light Uluru）：实地巨型艺术体验的爆款活动，既有艺术的高度，又有国际的影响力。

该艺术作品的创作者是英国艺术家布鲁斯·芒罗（Bruce Munro），为世界上最著名的创作大型浸入式发光装置的艺术家之一。1992年，他和他的未婚妻（现在他的妻子）塞丽娜（Serena）第一次访问了艾尔斯岩。在那里他就有了创作灵感，他希望设计一个艺术装置放在雨后的沙漠里，像植物幼苗从土地里生长出来一样。

24年之后，布鲁斯在澳大利亚第一个发光装置——艾尔斯岩国家公园里的沙漠光域作品终于建成了，这也是布鲁斯所有发光装置作品中最大的一个。作品使用了超过50000根细长的茎状装置，顶部的磨砂玻璃做成的球状造型像一朵朵黑夜绽放的小花。覆盖超过49000平方米的土地面积，相当于近七个足球场的大小。当黑夜来临的时候，观赏者被引导进入艺术装置的区域。这一整片区域在星星点点的灯光照耀下仿佛有了生命。艺术装置的名字叫"家"，被当地的土著人描述为"Tili Wiru Tjuta Nyakutjaku"，意即"看大量美丽的光"。

（七）迭代实验

小镇酒店等设施经过迭代实验，逐步形成了高、中、低三个档次的搭配，并有经营配套设施提供完善的服务。从小镇的规划平面图可以看出，小

沙漠光域的艺术作品，隐喻沙漠中盛开的植物

镇的西侧是主要的旅游设施密集布置的区域。从北到南，设置了五星级的沙漠风帆酒店、乌鲁鲁会议中心（Uluru Meeting Place）、度假小镇广场、鸸鹋漫步公寓（Emu Walk Apartments）以及四星级的沙漠花园酒店。应该说，大多数到此旅游的游客都居住在西侧的这几个酒店里，他们不仅可以享受酒店齐全的服务设施，还可以享受小镇广场的餐厅、超市、店铺、银行、工艺品画廊、邮局等配套设施，体验沙漠小镇方便舒适的生活氛围。小镇的东北角则是帐篷及露营地（Ayers Rock Campground），很多澳大利亚人是开着房车来此旅游的，他们把房车停在营地里，再到周边去旅游。营地的配套设施包括儿童活动场地、戏水池等运动设施，以及在附近的小山坡登高远眺艾尔斯岩的眺望区。小镇的东南角是内陆先锋酒店及青年旅舍（Outback Pioneer Hotel & Lodge），除了提供客房，还提供洗衣间、公共淋浴间、阅读区、咖啡吧等公共空间供游客交流和休息。酒店的特色是有很大一片观星场地，特别适合年轻人住宿、团队活动、烧烤、游戏等丰富多彩的活动。

从环保理念和措施来看小镇的迭代实验。

从环保节能和可持续发展的理念出发进行空间布局。如考虑太阳能发电设施的位置，便于周边公共设施来使用。植物区域采用耐干旱的乡土植物，并考虑雨水花园的处理。小镇远离国家公园，保证尽可能不破坏国家公园内脆弱的生态环境。从小镇到国家公园，游客被告知要停留在标记好的人行道路之上，并且不能把石头和土壤像纪念品一样带走，也不要走入植物生长的区域。

（八）运营管理：为澳大利亚的土著民族创造了大量的发展机遇

艾尔斯岩乡村小镇和国家公园在澳大利亚内陆的沙漠中占地约1300平方公里，这里雇用了910名员工，包括全球招聘的酒店专业管理人员、许多后勤人员（如在艾尔斯岩的机场区域、机场零售店和服务区的工作人员）以及超过318个土著雇员。

小镇及国家公园由澳大利亚旅程土著旅游公司（VITA）全权负责管理和运营，它是土著土地集团（ILC）的全资子公司。通过该地区自然和文化的旅游，公司为澳大利亚的土著民族创造了大量的发展机遇。它所有商业活动的收益都重新投入到国家公园和小镇的运行之中。

小镇的运营管理首先需要解决一系列基础设施的建设，如将本地的水源转化为小镇所使用的电能，并从澳大利亚各地运输给小镇及国家公园所需的补给和养护等。例如，为了供应小镇的食物、物资和其他的必需品，2016年一周两次共三辆全负荷的公路列车从阿德莱德运来了85716升牛奶、348300个鸡蛋、14.79吨西瓜和33496960份厕用卷筒纸。

其次，要解决交通、后勤等各方面的运营管理问题。澳大利亚北领地的政府主要管理通往小镇及国家公园地区的一级公路交通，而小镇则要维护和保持所有二级道路的交通状况，包括那些通往景点的三级道路的管理。另外，在小镇的景观建设与维护中，从控制室内温度和游泳池保洁，再到花园景观维护和杀虫管理等各方面都成立了具有丰富经验的团队，以确保小镇运行顺畅。例如，小镇的技术服务团队2016年回应了超过35537次维修需求，进行了137次车辆检修服务。

一部分土著雇员已经通过了小镇的梦想培训和员工计划的等级测试。同时，为了满足许多年轻家庭在这里工作的需要，小镇还创立了一系列儿童看护机构，如一个从学前班到7年级的学校（相当于中国的小学）和一个到12年级的学校（相当于小学和中学结合在一起的学校）。这些工作人员与他们的家庭在这里组成了半永久的人口，使得小镇成为澳大利亚北领地地区第四大城镇。

（九）转型与坚持

这个小镇开发得非常成功，在如此恶劣的自然条件下能做出这么多精彩的内容和体验项目，很有想象力和创造力。总结起来，首先小镇要坚持生态环保的理念，沙漠的自然环境就是它的特色，沙漠之中的生物多样性是很脆弱的，需要认真保护，不能随意改变和破坏。其次，其独有的土著文化要坚持保留下来，这是很难得的文化遗存，对研究人类的进化、地球的演变等都有着极大的科学价值。总之，艾尔斯岩乡村小镇教给中国的乡村如何从自身的特色进行深度的挖掘和开发的方法，中国西部地区的乡村振兴可以参考本案例的模式，做出有意义的创新。

从布恩山（Poon Hill）远眺世界最高的八座山峰

四、尼泊尔：布恩山乡村小镇

——徒步天堂

POON HILL VILLAGES, POKHARA, NEPAL

关键词：尼泊尔　珠穆朗玛峰　喜马拉雅山脉　安娜普尔纳山脉
世界最高的八座山峰　徒步

价值点综述：

　　笔者于2013年3月到尼泊尔博卡拉的布恩山小镇徒步旅游。世界上能徒步的区域很多，但布恩山小镇被公认为"徒步天堂"。在这里能够亲眼看到世界最高的八座山峰，是独一无二的体验。而且在徒步中可以看到春天漫山遍野的高山杜鹃花、色彩斑斓的乡村民宿以及民风淳朴的老人和儿童。总结起来，这里把徒步运动和世界最高的山峰融合在一起，用具有唯一性的自然景观体验塑造出乡村可持续的发展之路。这也为尼泊尔指明了社会和经济发展的道路，即应该大力发展旅游业及运动产业。而对游客来此旅游的意义在于：人生的目标就是不断地认识自我、挑战自我及超越自我。

（一）了解需求

游客愿意到尼泊尔的博卡拉（Pokhara）来旅游，大多数是被"来这里看世界最高的八座山峰"这样煽情的广告语所吸引，从而激发出徒步登山的热情。在这里徒步可以看到安娜普尔纳山脉（Mt. Annapyrna），从西向东依次为"Hiunchull"（6441米）、安娜普尔纳一号峰（8091米）、鱼尾峰（6997米）、安娜普尔纳三号峰（7555米）、安娜普尔纳四号峰（7525米）和安娜普尔纳二号峰（7937米）等海拔6000~8000米的八座山峰。

（二）明确定位

通过对上述需求的分析，可明确布恩山小镇的定位为：针对爱好徒步及看世界最高山峰的游客，提供必要的服务设施以取得经济上的收益。这里被世界各国旅行者公认为"徒步天堂"，在海拔2000~4000米的区域内有一系列不同难度的山区徒步路线，可以在不同的海拔高度欣赏到安娜普尔纳山脉、喜马拉雅山脉等的壮丽景色。这里每年有超过5万登山爱好者前往，已成为世界上最热门的山区徒步活动目的地，也一直是世界各国登山运动员攀登喜马拉雅山脉等高海拔地区的专业训练基地。

（三）聚焦爆点

布恩山小环线是尼泊尔博卡拉地区最著名、难度最低且适合普通人的一条经典徒步路线。笔者2013年3月与五位朋友组团到尼泊尔徒步旅行，当时走的就是这条路线，共花费4天时间。在布恩山的山顶可以远眺上述世界最高的八座山峰，是徒步路线中最大的爆点。另外，比较著名的还有EBC路线（到达珠峰大本营，海拔5200多米，约需12~17天）和ABC路线（到达安娜普尔纳峰的大本营，海拔也是5000多米，约需15~21天）。徒步带来的快乐有如下三点：第一是源于独一无二的风景（世界最高的山峰）；第二是源于艰苦的徒步旅程，让人体会到幸福来之不易，从而更加珍惜；第三是通过运动与休息，彻底放松身心。

（四）设置功能

沿着山区内原有的徒步路线前行，每隔1~2个小时就会遇到村庄，有补给点、餐厅及客栈，身体如有不适随时可以停下来休息。一般是4~5天完成，每天行走一段时间之后找村庄中的民宿、客栈住宿。一些客栈占据了比较好的观景点，可以遥望雪山，看日出和日落。那些位于徒步路线之中的村庄也成为一个个景观亮点。这些村庄在不断地演变，有人离开，也有人来投资。村庄中的建筑是用很低廉的材料，涂上极为鲜艳的颜色，如纯蓝色、纯红色等，分外醒目，特别适合拍照。

住在客栈中可远眺喜马拉雅山脉

徒步走入村庄，远处山上是绽放的高山杜鹃花

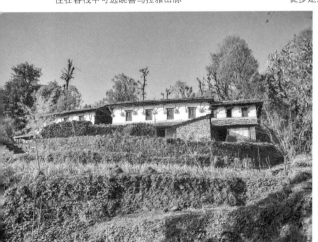

徒步看到的乡村农舍

客栈内部简单布置两张床，但是窗外的风景很美

坐在客栈外廊的藤椅上看外面的大草坪和雪山

从客栈远眺雪山，前景为梯田菜地和树林

（五）营造空间

整体山区的景观环境非常生态自然，令人印象深刻的是3月份这里漫山遍野开满了高山杜鹃。这种高山杜鹃呈现为高大乔木状，估计已经生长了上百年，让人叹为观止。徒步者在森林中穿行，徒步路线上有许多用碎石铺砌的台阶和坡道，在道路的交接处有一些悬索的木桥作为基础设施，保持着自然粗犷的格调。另外，徒步空间的营造将开放性和私密性结合在一起。徒步者的视线在山谷丛林中是封闭的，但是走到山峰或半山腰的时候

漫山遍野的高山杜鹃，为高大乔木状，开红花

视线就会打开，让人感觉豁然开朗、心旷神怡，而且视线会被引导到远处峰峦起伏的山脉与雪峰，这就是自然景观带给游客的空间感受。

（六）体验设计

1. 徒步的体验，是战胜自我、不断拼搏的过程

笔者在四天的登山徒步中，既上到海拔3000多米的山顶，又下到海拔1000多米的山谷，每天行走6~9个小时，最多的第三天走了将近14个小时，看到了独一无二的风景和形形色色的人物。徒步登山是一项认识自我、挑战自我及超越自我的运动，是关于人生的态度、意志品质的磨炼。

徒步者向上攀登，冲上山顶

上上下下的徒步空间场景，有森林、溪流、高山杜鹃、台阶和村庄

徒步中不可或缺的当地挑夫，为游客背着几十斤重的行李及装备

2. 看世界最高的几座山峰，是自然景观奇迹对人内心的震撼体验

凌晨出发去布恩山山顶看日出，一路上都是戴着头灯、拄着登山杖、背着登山包的徒步者们。在到达山顶的一刹那，可以看到那几座世界最高的山峰，非常雄伟震撼。当太阳一点点跃出后，远处太阳的光芒照射过来形成一道暖色而朦胧的雾霭。当太阳升起后，还可以看到有老式的飞机在安娜普尔纳山峰顶部盘旋，这是一项俯瞰山峰的旅游体验项目，都是围绕着这些高山做文章，也从中获得了经济效益。

在布恩山的山顶看到日出

在布恩山的山顶看到老式的飞机在安娜普尔纳山峰顶部盘旋

在布恩山山顶的指示牌前拍照留念

3. 对当地人生活的体验，也是游客对自我生活的反思和评价

当地人生活条件虽然较差，但心态平和，享受生活，感恩自然，幸福感很强。由于很多人并没有走出过大山，因此也少了与其他地区的人进行比较所导致的心理落差。

这里的人大多寿命不长，因为医疗条件较差，基本没有正规的医院，而且交通不便、山区的阳光强烈、水源污染等问题也导致他们寿命不长，衰老得很快。另外，他们的文化水平较低，生活品质不高。山村里的中年人留在这里的大多是开店（如餐饮店和民宿客栈），或在家里照料小孩及老人。在这里很少看到年轻人，基本都出去打工了。所能看到的青年人大多数是挑工，赚着一天100元人民币的收入，帮旅行者背着几十斤重的行李爬山越岭。这里的儿童大多是留守儿童。我们团队特意前往乡村学校，给当地的孩子们赠送文具。

① 徒步中，看到乡村的老人在梳辫子，旁边就是家养的鸡，一派田园风光

② 穿着色彩艳丽的中年妇女，坐在徒步村庄的小卖部前

③ 徒步中遇到的三个小孩，流露出纯真的笑容

（七）迭代实验

笔者从自身体验来建议小镇进行迭代实验的内容有如下三类：第一，改善当地建筑的外立面材料及内部的卫浴设施，让游客住宿得更加舒适和安全；第二，对淡水资源进行保护和利用，将水质达到干净卫生的级别；第三，增设徒步路线的指示牌、夜间灯光照明设施等，让徒步运动减少危险隐患；第四，徒步路线要优化，要发掘更多观赏雪山的观景点；第五，要提升当地儿童的教育质量和生活水平，还要定期检查当地老人与挑夫的身体健康状况。

徒步进出山有专门的区域登记和收费

（八）运营管理

在这个乡村的进山口和出山口都有一个登记处，有专人负责按徒步的人头数收费，这也是该地区最大的经济收入，即购买安娜普尔纳保护区许可证（Annapurna Conservation Area Permit，ACAP），以及徒步者信息管理系统（Trekkers Information Management System，TIMS）。这是两笔固定的开销。前者用于尼泊尔政府部门对进入山区的徒步者进行信息管理，后者则类似是门票。进山之后的所有活动（包括住宿和餐饮等）都是自理。总之，其运营管理较为粗放，急需提升精细化的管理能力。

（九）转型与坚持

布恩山乡村小镇的徒步运动是其最大的爆点，要坚持做下去。在一些细节上，需要转型、优化及提升。应该说，这个徒步小镇对中国的乡村非常有借鉴意义。其经济条件如此落后，却成为世界顶级的徒步天堂，说明只要有足够好的爆点就一定能吸引游客前来旅游。寻找隐藏在乡村内部的独特之处，好好提炼出特点鲜明的主题，并用空间营造和体验设计的方法持续性地打造，就一定能获得收益和回报。

第二节
历史文化体验

沿着湖边看哈尔施塔特小镇的建筑

一、奥地利：哈尔施塔特乡村小镇

HALLSTATE, AUSTRIA

——千年盐矿的世界文化遗产

关键词：历史体验　欧洲最美小镇　世界文化遗产　盐矿　冰雪奇缘　社交媒体

价值点综述：

　　笔者于2017年5月去奥地利哈尔施塔特乡村小镇进行考察。小镇的爆点在于干净美丽的湖泊、悠久的历史文化及建筑群共同形成独一无二的欧洲最美小镇。而由于其世界最早的盐矿开采历史，1997年被联合国教科文组织评为世界文化遗产，又使它成为历史文化的重要旅行目的地。其体验设计是小镇结合旅游景点（盐矿）文化，提供民宿、酒店、餐馆、咖啡馆等服务设施。围绕着湖体、山体与小镇结合做文章，看湖与从湖上看小镇的建筑，从空中俯瞰小镇，从山上走下来和坐缆车上山等不同角度的效果。其优势在于如《冰雪奇缘》等电影的传播和社交媒体上的各种酷炫的照片，使小镇在网络上爆红。哈尔施塔特乡村小镇对中国的乡村有很大的借鉴价值，如自然环境的保护、电影的宣传造势以及社交媒体的病毒式传播等。

（一）了解需求与明确定位

哈尔施塔特小镇是奥地利上奥地利州萨尔茨卡默古特地区的一个乡村小镇，位于哈尔施塔特湖畔，海拔高度511米。它是奥地利最古老的小镇，被称为"来自天堂的明信片"。很多游客都是因为看到一两张小镇的照片而慕名前来旅游的。

一家人在湖边的大树下拍照，父亲爬到树上为孩子摘果子

一家人牵着手，站在哈尔施塔特湖边

喜欢开老爷车来这里旅行的游客

骑自行车来此地的骑行者

（二）聚焦爆点

第一个爆点是小镇与大湖面、周边的山体共同形成独一无二的自然景观。从空中俯瞰小镇，历史建筑与新建筑的规划布局错落有致。行走在小镇之中，每个建筑物都很精致且富有历史感。

从山顶俯瞰整个湖边小镇

第二个爆点是哈尔施塔特（Hallstatt）的"Hall"源自于古克尔特语的"盐"，这里是世界上最古老的盐坑遗址，可以追溯到公元前2000年末期古老的凯尔特人就在这里开采山盐。由此哈尔施塔特于1997年被联合国教科文组织列为世界文化遗产。整个遗迹公园位于盐山谷地出口处，高于哈尔施塔特湖约450米。在这里的博物馆中可以了解其史前文明古迹，文物包括从盐矿挖掘出的衣服及采盐工具、铁器时代的生活用具以及最早的蒸汽船模型等。在古墓发掘地发现最古老的墓穴建于公元前800年，其中出土了铜或铁质的砍刀及剑，最有价值的文物是在盐矿中发掘出一具保持完整的古尸，被称为"盐中人"。

古盐矿旅游区的功能指示牌

（三）设置功能

该小镇的历史建筑大多数是村民自住的房子，这些历史建筑物如木屋等修旧如旧，保留历史原貌；一部分地段比较好（如靠近湖边、路边等位置）的建筑被用来经营民宿、餐馆等发挥服务功能。在这些老房子中穿插着若干个新建筑。这些新建筑大多都是公共设施，如缆车站、博物馆等，带有地标性，有明确的标识，便于游客寻找。这些新建筑的结构、材料及造型都完全是现代的，有严格的限高要求，并且与历史建筑的材质保持明显的区别，多用混凝土、钢结构及玻璃幕墙，使得整个小镇的历史风貌统一，也体现了小镇传统与现代的融合。

鸟瞰湖边小镇的建筑细节

小镇中融于历史建筑中的新建筑，具有不同的功能，设计感极强

交通设施如围绕哈尔施塔特湖的车行道路，连接小镇与周边的乡村。而缆车是从湖边小镇到达山顶盐坑遗址公园的主要交通工具，比登山轻松很多，设施先进，体验感很强。山顶特色的观景台、天桥及电梯是极具标志性的建筑物，既结合了功能，又体现了现代的美感。

（四）营造空间

哈尔施塔特乡村小镇的空间结构是随着年代而不断演变的，呈现出有机的形态。该区域的建筑物是高密度的，中间有一些楔形绿地，临近湖边是舒朗的开放空间，边界为小镇与湖、山、林、道路交接的部位。这里的历史地标物是位于小镇中心的、748年建立的天主教堂和1320年建立的耶稣教堂。在

上下山的缆车细部，功能舒适，风格现代 　　　　上下山的缆车和轨道

历史上，小镇由于盐矿业的发达促进了经济的繁荣，也为维也纳的皇室提供了财政收入，并吸引了众多画家、艺术家、诗人和作曲家前来生活居住，从而留下了大量优质的建筑和艺术品遗迹。

哈尔施塔特乡村小镇特别喜欢用木头作为装饰物，如随处可见的指引方向的木门牌路标及建筑物上的木质装饰品等。哈尔施塔特人喜欢木头这种材料是因为在山里盐矿中采盐要用木滑道等木制品保护安全，因此他们对木头特别珍爱。如在小镇的广场上，有一个背着大木盐桶的盐矿工人雕像，就告诉游客在这里关于木头和盐的传奇故事。

（五）体验设计

1. 哈尔施塔特乡村小镇通过历史建筑带给游客巨大的视觉冲击和旅游体验

哈尔施塔特乡村小镇的历史建筑大多在墙体上使用白色、黄色等不同颜色的涂料，立面上布置了大小不等的窗户，在墙壁、窗户、阳台等部位采用木质材料点缀，并让植物攀爬到建筑的立面甚至屋顶上，还在门前屋后摆放各种手工艺品，吸引游客的注意力。而且由于小镇依山傍水，某些建筑物随着地形高低起伏而产生竖向上的空间变化。

在高山峡谷之中，哈尔施塔特湖的水质清澈，成为湖边小镇最好的借景，小镇滨湖第一排的咖啡馆及餐厅是最受欢迎的，也是游人最喜欢坐在一起聊天拍照的场所。另外，泛舟湖上也是很棒的旅游体验，可以是运动型的如强调团队合作的赛艇运动，也可以是放松身心坐在游船上欣赏湖光山色。哈尔施塔特湖里有天鹅和野鸭，游人经常在岸边给它们喂食，人与动物和谐共处。

小镇湖边的郊野公园自然环境也很好，以草坪为主，沿水边种植大树。公共设施很简单实用，如户外露天烧烤的区域就是一个火盆，周围一圈座椅，游客可以自己带碳来烧烤。还布置了一系列儿童游戏器械，大人和孩子一起玩耍。还有一些安静的区域，老人可以坐在树下看书休息。湖边也是摄影师取景的好位置。

小镇中不同造型的木建筑，色彩不同，细节变化很丰富，体现了小镇的精致与温馨

小镇中的历史建筑物，以木建筑为主，结合植物爬满建筑立面

坐在小镇的咖啡馆，看着湖面可以发呆一整天

哈尔施塔特湖中的天鹅与游人亲密互动

山顶具有现代风格的三角形悬挑瞭望台

特色的天桥和电梯

盐池的通道采用木头材质的圆拱形结构

其中存放着著名的古盐人的骨架遗体

2. 哈尔施塔特乡村小镇的爆点项目——盐池历史游览

游客坐缆车到达山顶之后，可以走到山顶瞭望台俯瞰下方的哈尔施塔特湖和小镇景观。然后参观博物馆，并走过一个特色的钢结构天桥，坐电梯下到山坡的砂石小路上。沿着小路一直往山里走，可以看到周边一侧是起伏的草坡，上面点缀着黄色或红色的野花，另一侧是浓密的森林。接着就到达古盐池游览区非常狭小局促的入口，让游客猜不到的是里面居然有一段十分深邃的圆拱形通道，越走气温越低。最后游客坐着惊险刺激的木制滑座沿着轨道往下滑，滑入440米深的、寒气逼人的盐坑底部。整个过程惊心动魄，非常刺激，印象极为深刻，比导游生硬地讲解盐坑的历史更有感同身受的体验效果。从景观设计的角度来看，整个景区保留原有的植被，没有太多人工雕琢的痕迹，都是很自然的效果。在这里很多年轻人是骑自行车登山的，难度较大，表现了他们的运动精神和生活态度。

在山地中骑行登山的年轻人

（六）迭代实验

哈尔施塔特乡村小镇不断进行着迭代实验。以小镇的宣传为例，有两种实验：一种是以电影相关的宣传造势。2013年11月迪士尼电影《冰雪奇缘》（Frozen）以全球12.74亿美元的票房成为当年全球动画史的票房冠军（截至2014年7月16日）。电影中的仙境"艾伦戴尔王国"（Kingdom of Arendelle）的灵感就来源于本小镇，由此吸引了大量游客前来探访。2019年11月《冰雪奇缘2》（Frozen Ⅱ）上映，截至2020年1月22日其全球总票房达到14.05亿美元。随着这两部电影的火爆上映，哈尔施塔特小镇被彻底带火了。另一种是在社交媒体上的病毒式传播。这座乡村被誉"全球最值得拍照上传到社交媒体的小镇"，在社交媒体上经常可以看到该乡村小镇旅游的照片及视频，有专业摄影师拍的风光宣传照及视频，也有旅游者用手机拍摄的生活照及短视频，都展现出唯美的异域风情，令读者惊叹，吸引越来越多的人想去一探究竟。总之，这两种都是非常高效的宣传方式，也是乡村经营者不断迭代实验的成果，值得中国的乡村借鉴和学习。

（七）运营管理

哈尔施塔特乡村的运营管理以古盐矿遗址公园为主要景点的旅游服务，并鼓励乡村民众在小镇及湖边建立民宿、餐饮等服务设施来增加经营收入。而这里面对的管理问题主要是游客太多打扰到村民生活，导致了"村民赶客"的极端做法。根据报道，小镇民宿、餐厅的经营者经常被游客拦住合影拍照，村民总是投诉无人机在房屋外面盘旋拍照，还有游客旁若无人地闯进村民的私宅来借用厕所。对此村民不堪其扰，村长邵泽（Alexander Scheutz）公开要求游客不要一窝蜂到这里来旅游，甚至主动关闭多条道路试图阻挡游客。但是不久他阻挡游客的努力就宣告失败，他说："哈尔施塔特小镇是我们历史文化的重要一环，不是博物馆。我们希望游客的人数至少减少1/3，可我们真没办法阻止他们来旅游。"

2019年11月30日小镇湖边的木屋发生火灾，烧毁了4栋，损失巨大。从经营管理上来说，防火是木结构的历史建筑最重要的保护工作之一，要严格禁止游客在木屋内吸烟等容易导致火灾的行为。

另外，关于小镇的住宿和交通问题也是运营管理的重点。小镇的民宿客房及酒店数量本身就很少，一到旅游旺季需要提前一两个月预约，否则很难订到客房。这时候就需要游客到另一个乡村小镇奥伯特劳恩（Obertraun）住酒店，它在湖的另一面，步行到哈尔施塔特小镇需要一个多小时，开车自驾需要十多分钟。那里的民宿酒店价格也只有哈尔施塔特的60%~70%。总之，通过把一部分运营管理的工作分配给其他乡村，带动他们的经济发展，也减少自身的运营压力，这应该是合作双赢、协调发展的解决方案，值得我们的乡村参考。

（八）转型与坚持

世界文化遗产地、民众生活地与旅游目的地的矛盾需要通过转型来解决。虽然当地获得可观的旅游收入，教育和文化事业得以较快发展，但同时承受着较大的旅游压力。笔者认为，飞行成本降低、电影全球热映及社交媒体的病毒式传播是造成哈尔施塔特乡村小镇旅游过热的主要原因。具体转型的措施为限制游客数量、规范游客行为、收取旅游税、把游客疏散到其他景点等方法。当然，这些举措也是为了小镇可持续的生态环境保护和木建筑物的历史保护。应该说，保护这一世界文化遗产的目标是坚持不变的。总结起来，哈尔施塔特小镇对中国的乡村带来的借鉴价值有如下两点：首先，第一流的自然环境（如绿水青山）才是乡村最重要的基底特质；其次，要挖掘出自己独一无二的特色，形成真正打动游客的爆点。

从远处山顶鸟瞰 CK 古镇，中心建筑物的塔楼成为视觉焦点

二、捷克：克鲁姆洛夫乡村古镇

——伏尔塔瓦河畔的中世纪明珠

CESKY KRUMLOV, CZECH

关键词：历史体验　捷克第二大古城堡　CK古镇　世界自然与文化遗产

价值点综述：

　　笔者于2017年5月去捷克克鲁姆洛夫乡村古镇（以下简称"CK古镇"）进行考察。古镇的爆点在于历史悠久、风格多元，其中的古城堡是捷克仅次于布拉格城堡的第二大城堡。整个古镇被周边的河道所环绕，风景极为优美。其体验设计做得也非常出色，不仅是让游客参观游览各个历史建筑，还增加了一年四季的各种体验活动，如节庆游行、音乐会及划船漂流等。CK古镇对中国的乡村很有借鉴意义，它说明了找到具有自身特色的爆点结合体验设计来重点打造，是中国乡村通往成功之路的重要方法。

（一）了解需求

CK古镇位于捷克共和国南波希米亚地区。古镇被伏尔塔瓦河的上游分割成两个部分，距今有800多年的历史。它距捷克首都布拉格约160公里，交通很便捷。古镇的常住人口约14100人。"Cesky Krumlov"拉丁文的意思是"蜿蜒的河道"，而老德文的意思是"曲折的半岛"，两种不同的语言都形象地描绘出伏尔塔瓦河水道蜿蜒地环绕着这片土地的地理风貌。应该说，游客来此旅游的需求是希望能看到真正的乡村古镇及古城堡。

（二）明确定位

CK古镇的历史开始于13世纪，由于处于一条重要的贸易通道之上而逐渐繁荣起来。南波希米亚的维特克家族在此地建造城堡，1374年时这里只有96幢房子；14世纪时维特克家族消亡，罗日姆贝尔克（Rozmberk）家族成为当地的统治者；到了16世纪，小镇繁荣至顶点；而18世纪施瓦岑贝格家族开始控制该地区，并在当地产生了巨大的影响。CK古镇是捷克境内仅次于布拉格的旅游景点，在全球也有着很高的知名度。当前定位是以具有世界影响力的旅游资源带动该地区的经济发展、交通设施及如餐饮、酒店、购物等多种服务行业的发展，并希望能突破当前的模式寻找到更多的赢利点和发展方向。

（三）聚焦爆点

CK古镇在1992年被联合国教科文组织列入世界文化与自然遗产双名录。对游客来说，其爆点主要是古镇的哥特式建筑群及文艺复兴风格的城堡。根据世界遗产组织的介绍，CK古镇是中欧地区伏尔塔瓦河畔的中世纪明珠。其历史建筑的细部非常丰富，如不同风格共存的建筑立面、屋顶及室内空间等。CK古镇的建筑风格主要为哥特式、晚期哥特式、文艺复兴式和巴洛克—洛可可式等风格的杂糅共存。

以CK古镇最具标志性的"城之塔"为例，塔顶旗标位于水平面86米处。塔的内核是哥特式的风格，整个塔身外形却是文艺复兴的风格。城之塔最下

面的基座部分始建于13世纪中期，
独立于基座之上的狭窄飞檐部分是
塔的第二层，修建时间大致在14世
纪左右。文艺复兴风格的塔身修建
于1581年，由著名建筑师巴尔塔扎
尔·马济（Baldassaro Maggi）主持
设计。1590年，塔身外墙被罗日姆
贝尔克时期的巴托罗密侬·贝拉内
克（Bartolomej Beranek）的宫廷画
师赋予丰富的壁画装饰。1994~1996
年之间塔的壁画装饰被大范围修
复，部分甚至被重建。城之塔的外
围观光回廊由19根大理石柱支撑其
弯曲向上的拱顶部分。塔顶悬挂着
四座钟，最重的钟约1800公斤，约
修建于1406年。另外的几座小钟

CK 古镇的中心地标是著名的"城之塔"

也就是所谓的"洋琴敲钟"，钟盘为苜蓿花状，悬挂于塔楼400多年了。城
之塔的建造细节数据如下：台阶数为162级，堡塔净高54.5米，塔顶垂直高
度为86米，塔身最大直径为12米，塔身最大厚度为3.7米，回廊垂直高度为
24.6米。

　　CK古镇具有悠久的历史，每个建筑物都是"真古董"，是欧洲最美丽的
古镇之一，这些共同形成了爆点。

（四）设置功能

　　CK古镇将部分的老建筑设置成新的功能，有博物馆、咖啡店、餐饮店、
民宿、酒店、零售店等。古镇的广场上有旅游商店、舒适的户外餐厅、酒吧
及自制甜品的咖啡屋，并不时有艺术表演。游客来古镇大多是参观游览、度
假休闲，体验不同的文化和自然风光。

水边高低起伏的建筑天际线非常优美，功能为各种餐馆和咖啡厅

CK 古镇在河流边的餐厅、咖啡馆，非常有意境

夜景灯光点亮时，在河边就餐非常闲适

商店精致的门头吸引很多游客进店观看及购买

（五）营造空间

CK古镇的整体规划理念及空间结构为依山傍水的古镇格局，以修建在缓坡上的古城堡为核心，其余的建筑因地制宜，布局紧凑，呈现自然生长的有机形式。古镇的地标为几个教堂的塔楼，为整个古镇的制高点和视觉焦点，如前述的城之塔。大多数建筑物高度基本相近，密集地排列在一起，边界是滨水区域及与山体交接的区域。古镇建筑物的立面修复工程严格按照国际遗产保护标准进行，只允许使用传统的材料和技术进行保护性修复。建筑的屋顶、立面形式及颜色都要求一致性。

CK古镇的建筑与山坡融为一体的关系

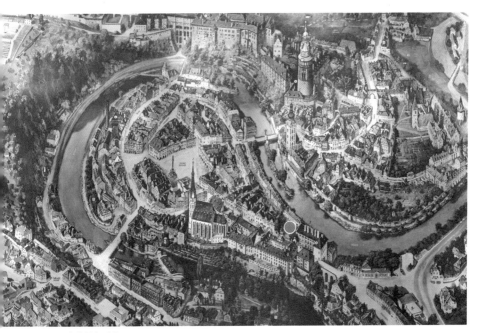

CK古镇的鸟瞰效果图

从山上对 CK 古镇的俯瞰

CK 古镇的建筑细部，如白墙、红瓦与山坡、绿树掩映在一起

CK 古镇的街巷非常局促，以步行的尺度为宜，建筑的密度也很高

从景观设计的角度来看，CK古镇被外围蜿蜒的伏尔塔瓦河分成两部分，河道的圆弧线型让整个古镇的空间更加灵动，与自然融合得更好。中部的广场是游客进出古镇的主要出入口，在高密度的建筑布局之中见缝插针了若干个广场，提供给游客休息的公共开放空间。建筑物之间的巷道很窄，以步行的尺度为宜。在古镇的山顶上有一个占地11公顷的巴洛克—洛可可风格的城堡花园，也是鸟瞰整个古镇的最佳观景点。花园长765米，宽150米，其中有规整的轴线、大型雕塑、喷泉及高大的绿篱迷宫。特别是建于1750年的洛可可式海王星瀑布喷泉，由四级小喷泉组成，喷泉池上面雕刻着水神神像、四季寓言故事及水生动植物图案。花园中有著名的旋转观众席，是南波希米亚剧院的夏季场景；还有贝拉利亚夏宫是捷克最有价值的洛可可建筑之一，如今用于夏季露天剧场的舞台背景。

CK 古镇的中心有一个开阔的广场，广场上有一个精致的喷水池，周边为供游客休息的空间

喷水池上的人物雕塑造型细部

山顶花园中的法式喷泉水景

CK古镇的外围为一片湖泊及绿地，有的人在草坪上烧烤野餐，也有人在湖面上泛舟，自然条件舒适生态。应该说，CK古镇需要外围有一定的缓冲区以防止对世界遗产的保护产生威胁，如世界遗产组织对本古镇的评价如下："缓冲区内的房地产及土地利用规划结构稳定，视觉完整性没有受到威胁。但是，允许在缓冲区边界以外新建建筑物将对古镇的完整性形成潜在的影响。"

CK古镇外围的山坡地有农田、草地及山坡小镇、房车营地等

CK古镇的外围有一大片干净的湖泊和绿地，游客可以在草坪上晒太阳，或在湖上泛舟，非常悠然自得

（六）体验设计

CK古镇的体验有两个重要的爆点项目：第一，从山顶的城堡俯瞰整座古镇；第二，在山脚下的河畔咖啡馆里悠闲地看风景。对CK古镇的体验是基于其乡村古堡景观戏剧化的还原、优美的自然环境以及大量保存下来的历史细节来体现的。

到CK古镇体验的乐趣在如下三点：第一，因为名气大、建筑宏伟，且自然风景美；第二，可以放松休息，甚至无所事事地打发时光；第三，它为人们提供体验古堡、水上运动、河畔的餐厅及山顶的花园等活动。在这个古镇呆两三天都不会腻，而且游客对古镇的口碑都非常好，吸引了全世界的游客，带来源源不断的经济收益。

CK古镇的体验活动，每年的计划如下：

时间	活动
2月末~3月初	一年一度的"谢肉节"开始，游行队伍戴着五颜六色的面具，大街小巷举办各种街头表演、音乐演奏及戏剧表演，是一场音乐和舞蹈的盛宴
5月	"五塑节"及"魔幻克鲁姆洛夫"庆祝活动，人们竖起高高的五塑节花柱，进行各种音乐表演，并举行传统的焚烧女巫焰火、夜晚的环城灯笼游行等活动
6~9月	城堡花园的旋转观众席（是欧洲著名的露天舞台）对外开放，在此地上演话剧、木偶剧、歌剧及芭蕾等，广受游客推崇，每年约有5.5万观众前来观赏体验。每年夏至左右的周末是为期三天的"五瓣玫瑰节"，整个古镇复原了罗日姆贝尔克家族在此生活时的繁荣场景。其中中世纪古城的氛围、丰富的戏剧和舞蹈表演、手工市场及壮观的复古游行，每年都吸引成千上万的游客。夏季总是伴随着一系列的音乐盛会，如从18世纪就开始的克鲁姆洛夫城堡巴洛克之夜音乐节，还有皇家音乐节、爵士克鲁姆洛夫等各种音乐盛典
10月	举办备受瞩目的克鲁姆洛夫马拉松划船赛是对业余爱好者和职业划船手都开放的公开比赛，在捷克同类比赛中规模首屈一指
11月~翌年1月	此时，古镇的社交体验活动变得与儿童有关，小镇广场上的圣诞树开始布置起来，孩子们给圣诞老人写信，在尼古拉斯唱颂歌。最受欢迎的活动是本地居民在圣诞树下装扮耶稣诞生情景的模型，并给城堡熊谷里的圣诞熊派发礼物，以及新年元旦辞旧迎新的午夜烟花表演。除此之外，还有克鲁姆洛夫汽车拉力赛，这是自1971年以来最重要的体育赛事，隶属欧洲冠军杯和捷克锦标赛的系列赛事

在街道开阔处表演的手艺人

在桥边表演的音乐人

在河道中划船的年轻人

（七）迭代实验

CK古镇的民宿、酒店需要不断地进行迭代实验，扩充客房、美化花园及软装设施。餐饮的迭代实验在于临河第一排的餐饮店需要不断地提升餐饮的档次，更新形象和菜品。商铺店面需要更有创意，增加儿童更喜欢的内容。小镇的夜景设计也要不断改进：原来点状光源，感觉很刺眼；后来改为柔和而渐进的灯光逐渐打亮了建筑的立面，整座小镇慢慢地笼罩在昏黄的灯光之中，展现出朦胧而优雅的意境。

为了让CK古镇的旅游更加丰富多彩，还增加了古镇地下采矿的历史游览。矿产为石墨矿，游客需要穿上保暖的衣服，在头上戴上矿灯，乘坐以前古镇矿工使用的"矿井火车"亲身体验采矿的工作环境，并可动手尝试采矿，了解矿工所用的工具以及石墨的加工生产工艺。这一实验性项目一经推出，就大受儿童游客的欢迎，成为热门旅游体验项目。另外，还增加了乘坐橡皮筏或独木舟沿伏尔塔瓦河道顺流而下的约两个小时的水路漂流活动，也广受家庭游客及儿童的好评。

另外，值得一提的实验项目是古镇中的修道院区域不仅展示中世纪修道院独特的艺术和建筑历史，还提供家庭亲子节目、手工艺作坊，如指导孩子们制作中世纪绘画的模具、生产由草药、精油、海盐及蜡烛混合制成的"炼金术"药水。由于这些充满活力的体验活动，2015年CK古镇被授予极具声望的文物纪念碑奖项（奖项是一年一度由波希米亚、莫纳威亚及西里西亚文物保护协会共同颁布的奖项）。

这几个当前的实验项目说明了到古镇旅游不仅是参观历史古迹，更需要提供丰富的体验活动让游客参与，会产生更好的效果。总之，CK古镇的管理者们通过不断的迭代实验，寻找到合适的方式让古镇越来越有活力。

（八）运营管理

CK古镇的所有者及管理团队由捷克文化部、国家遗产研究所和古镇的相关管理机构作为世界遗产的财产管理人共同治理。从基础设施的管理来看，CK古镇的河道水坝的管理保证了古镇防洪涝灾害的安全性。以古镇的"野鹿桥水坝"为例，由固定式水坝改为活动式水坝。防洪建筑构件在正常情况下被"立式"固定，而超过安全水量时操作人员将它改为"卧式"，在洪水退潮后再恢复和固定。另外从交通后勤的管理来看，需要在古镇的外围处增加一到两个大型的集中停车场，内部仅以临时停车场为主。从服务品质的角度来看，需要提升服务人员的培训，为游客提供更好的服务。

（九）转型与坚持

CK古镇中的建筑需要不断地通过转型来寻找适合的定位和功能，这样才能有更多、更好的旅游收益。同时，要坚持保护古城堡中的历史建筑和周边的河流、山脉的生态环境。CK古镇对中国的乡村很有借鉴意义，它说明了需要针对乡村的自身条件来分析和挖掘主题。"假古董"是没有生命力的，必须尊重历史，保护历史文物，并通过历史与文化找出故事的来源，做出当代的演绎。总之，找到具有自身特色的爆点结合体验设计来重点打造，是中国乡村通往成功之路的重要方法。

加勒古镇的城墙与灯塔，外面是浩瀚的印度洋

三、斯里兰卡：加勒古镇

GALLE, SRI LANKA

——南亚殖民地时代的历史建筑宝库

关键词：历史体验　世界文化遗产　乡村古镇　军事要塞

价值点综述：

　　笔者于2016年6月到斯里兰卡加勒古镇旅游考察。古镇1988年入选世界文化遗产，是南亚地区历史上重要的军事堡垒，也是斯里兰卡殖民地时代的历史建筑宝库，展示了欧式建筑风格与当地热带乡土建筑风格的融合。因此，古镇的管理者把整个古镇变为一个历史建筑的博物馆让游客参观体验，特别是几个著名的酒店，如加勒安缦酒店、加勒灯塔酒店及加勒莫斯福德别墅酒店等。对中国的乡村来说，值得参考的思路是古镇由原来的军事堡垒转变成为具有历史文化特色的旅游目的地。

（一）了解需求

加勒古镇占地约0.36平方公里，距离科伦坡约116公里。它建于岩石半岛之上，是天然的港口，三面环海，地理条件十分优越，是大航海时代从欧洲前往远东地区的重要枢纽之一。古镇是斯里兰卡的世界文化遗产，也是南亚地区历史上重要的军事要塞。几百年来葡萄牙、荷兰和英国殖民者在此处修建了许多精美的建筑和雄伟的堡垒，这些建筑物都成为当前最受游客欢迎的景点。古镇的自然风光也很优美，它位于斯里兰卡的最南端，在乌纳瓦图纳海滩上可以欣赏一望无际的印度洋，享受惬意的海风，观看气势恢宏的日出和日落。附近的红树林游赏也独具特色。总之，加勒古镇独特的历史文化魅力是世界各地的游客们来此地旅游的原因。

（二）明确定位

当前，加勒古镇的定位为"斯里兰卡殖民地时代的历史建筑宝库"。它充分展现了17~19世纪在古镇欧式建筑风格与南亚传统建筑风格之间的相互交

傍晚站在加勒古镇的城墙上，看印度洋上的夕阳西下和漫天红霞美景

融，这些建筑物更适应斯里兰卡的地理、气候等条件，游客来此参观游览能有更多历史和文化上的收获。

（三）聚焦爆点

根据上述定位，加勒古镇的爆点是以参观、体验这些历史建筑为主，感受将它们改造为餐厅、酒店以及由军事设施改造为博物馆的效果。整个古镇有约400座住宅、教堂、清真寺、佛寺及商业服务设施共同形成的建筑群。

（四）设置功能

从18世纪开始，加勒古镇就已经初步展现了军事要塞的功能，14座堡垒使其城墙成为一个有机的整体，其他军事建筑物如官邸住宅、军械库、火药库等，都是建立在城墙之内并精心设计过的，港口附近还有货物仓库建筑。历史上荷兰人修建的住宅、石墙及大门等元素共同构成了加勒古镇恬静而祥和的美丽景观。

当前，这些军事建筑的功能演变为现代游客服务设施，而且还要满足当地居民在此生活、工作、学习的要求，提供杂货店、办公场所、学校及公共交通等设施。另外，维护古镇的环境也是非常重要的功能，如街道清扫、历史建筑保护、危旧老屋的维修、绿化种植养护等工作。从交通功能上来看，车行交通在古镇的外围环线上行驶，进入古镇的内部核心区域，道路十分狭窄，基本上是以步行为主。

（五）营造空间

从整体规划理念上来看，古镇保持原有的历史格局及建筑物的布置方式，在历史建筑物已经损毁的情况下适当进行微更新，补植绿化，形成绿色空间。而原有的绿化，几百年延续和保存下来的大树高大挺拔，树形舒展，和经典的历史建筑物相得益彰，展示了南亚热带地区的环境特色。

古镇的空间边界为军事堡垒的旧城墙所围合的几何形，从高空鸟瞰下来气势磅礴。旧城墙比沙滩高近10米，是加勒军事要塞的标志性景观，这里不仅是葡萄牙、荷兰、英国等各国殖民时期加勒变迁的见证，还在2004年的南亚海啸中保护了整个古镇。

古镇的几个地标建筑如下：

（1）加勒古镇的主城门（Main Gate）位于城墙的北端，1873年由英国人建造，相对较新，它把加勒古镇分隔成新旧两个区域。沿着城墙顺时针走，就会看到古镇的旧门（Old Gate），是一个历史悠久的明黄色的地中海式建筑，两侧是军事要塞的库房。

（2）在城墙的东南端有一座乌德勒支碉堡（Point Utrecht Bastion），它面向大海，碉堡顶上有一座18米高的灯塔，是加勒古镇的主要标志物，在很多加勒的旅游纪念品上都能看到它。灯塔不对外开放，游客只能在外围欣赏。黄昏时坐在旧城墙上看日落于大海之中，霞光万道，波涛澎湃，浪漫的景象格外震撼。

（3）由古镇的原军事仓库改建而成的国家海事博物馆（National Maritime Museum）可以从加勒古镇的旧门进入。博物馆内陈列着大量从印度洋采集而来的文物，如地图、船只、绳索、陶器、酒杯、烟袋、火炮等，还有一些有关加勒古镇历史与文化的介绍，也是游客必看的景点。

（六）体验设计

整个古镇就像一个丰富多彩的历史建筑博物馆。常规的体验项目有参观各种历史建筑、购买特色商品等。

观看高跷渔夫，是斯里兰卡西南海岸（以加勒古镇为代表景点）最与众不同的人文景观，也是世界上独一无二的海钓方式。靠近岸边的浅海中林立着木桩，渔夫们坐在简陋的木架上，手持没有鱼饵的钓鱼竿，目不转睛地盯着海面等待鱼儿上钩，他们的目标就是大量游弋在浅海区的沙丁鱼。远远望去，他们好像一群脚踩高跷站立在海水中的垂钓者，这是到加勒旅游的游客必拍的照片之一。

乘船游览体验加勒古镇附近的红树林湿地，也是极具特色的体验。湿

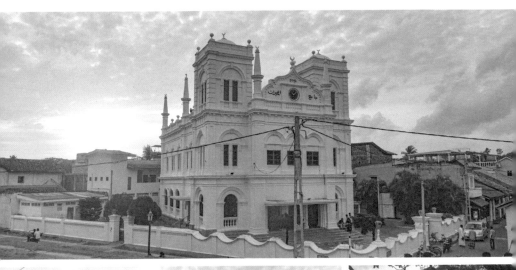

加勒古镇的历史建筑，造型体现欧式风格与当地地域性风格的融合

地的水道弯弯曲曲，水道两侧的红树林夹道生长，游人如同在洞穴中穿行。
红树林生长在海水和陆地交界处的浅滩之中，由于其土壤周期性被海水淹
没，盐度非常高，所以它的根系特别发达，盘根错节屹立于滩涂之中，颇有
独特性和旅游价值。而且，游客可以在红树林之中看到许多特色的动物，如
各种鸟类、蜥蜴、鳄鱼、猴子及水生动物等。游览过程中还设置一到两次登
上林中小岛的体验活动，如参观当地特色香料的制作工艺及品尝独具特色的
红茶。另外，还可以看到红树林中有竹质或木质的乡土建筑物修建在岛屿中
央、树林边缘，甚至是支撑在水中，值得细细品味。这些都给游人带来极大
的快乐体验。

① 划船游览特色的红树林景观

② 红树林中有多种独特的动物

③ 红树林中有各种不同形态的建筑物，
　这是在湖心岛上的一个院落

④ 湖中搭建起来的水果售卖摊

爆品项目是一些著名酒店的体验。

1. 加勒安缦酒店（Amangalle）

从古镇北门进入之后往左走，在几棵参天大树旁矗立着一栋三层白色的历史建筑，为荷兰殖民地风格。酒店的色彩简洁，白色的家具和摆设、以木色为主的室内装修色调，花园郁郁葱葱，绿意盎然。酒店的公共客厅区域，为宾客提供休憩和交流的场所，高耸的顶棚上悬挂着古旧的吊扇和吊灯，室内摆放着休闲座椅。外廊空间在就餐时间可作为餐饮区域，游人一边就餐，一边观赏加勒古城入口处的美景。其客房十分低调奢华。在客房中凭窗而立，可眺望花园景观、毗邻的大教堂、不远处高耸的灯塔及大海。酒店的特色是安缦图书馆，记录了从1863年创立时的"东方旅馆"印发过的广告、明信片、餐单，到后来更名为"新东方酒店"，再到2002年被安缦酒店集团收购后"修旧如旧"成为如今的"加勒安缦"的历史变迁。

加勒安缦酒店古朴的建筑外形

加勒安缦酒店典雅的室内空间

2. 加勒灯塔酒店——斯里兰卡建筑设计大师巴瓦的作品

从建筑设计来看，建筑物三层，是横向展开的。建筑围合的内廊空间通过起伏的草丘结合廊架，局部点缀一两棵大树，展现出独特的斯里兰卡建筑风貌。大型的游泳池和SPA院落都贴近海边沙滩，可以直接看到印度洋的美景。SPA馆的入口处摆放了一排黑色的陶罐，内庭有着木结构的回廊、养鱼的水池以及虬枝枯干的大树，很有乡土建筑的情调。

从室内设计来看，酒店大堂的接待处及休息区域，从特色家具、木质桌椅、艺术品摆件上都很有斯里兰卡地域风情。酒店最具特色的是一个艺术化的螺旋楼梯，从上而下雕刻着战斗的士兵，成为楼梯的视觉焦点。

从景观设计来看，在酒店的大堂、建筑的回廊、客房的窗畔及靠海的木平台处都可以看到一望无际的印度洋，意境体验感极强。

另外，由于酒店是修建在山坡之上，所以地形高差变化丰富，有许多起伏的草丘、古朴又具有设计感的台阶坡道等景观元素。而且，酒店的植物配置十分丰富，既有一大片如原始森林般的绿化，又有点缀椰子树的大草坪，还有在局部的院落空间中自由式种植的特型大树。植物成为建筑物绝佳的配景，让具有热带现代主义风格的白色廊架与淡红色的建筑墙体形成反差对比，在绿意盎然的景观之中融为一体。

3. 加勒莫斯福德别墅酒店（Mosvold Villa）

别墅酒店的主人是挪威人，建筑入口采用全封闭的木质大门，客房建筑为外廊式造型，廊下摆设桌椅供游客休息聊天。客房的外围是草坪，种植鸡蛋花、椰子树等植物，树枝上绑扎着可爱的吊床。这些大树成为从客房看出去的对景，远处的背景是浩瀚的大海。草坪左侧是一个游泳区，分为成年人泳池和儿童戏水池两部分。蓝色的泳池水体晶莹剔透，宛如一块平静的画布。泳池旁边是吧台区和公共厕所，廊架下方是备餐区，可供泳池聚会使用。总之，酒店的核心景观就是以游泳池为主体，结合周边的草坪，远眺大海和沙滩，举办各种沙龙活动。

加勒灯塔酒店的三层客房楼和泳池

建筑内庭院起伏的地形和墙角的特型大树

把战斗的士兵与战马雕塑化处理，并结合
在楼梯之上，成为酒店的亮点

加勒灯塔酒店的地形高差形成特色的台阶细部

加勒灯塔酒店位于大海边的泳池、草坪及
椰子树

加勒灯塔酒店 SPA 区域内，如中国"四水归堂"格局
的天井细部

　　从建筑设计来看，建筑风格是白色墙面结合红色瓦顶，十分简洁。入口处形成"四水归堂"的水庭空间，简化的柱廊很有轴线的序列感和仪式感。中庭天井对应的水池中养有锦鲤，体现出静态水面的效果，宁静而温馨。

　　从室内设计来看，别墅酒店有一个书房会客厅，处于建筑入口的轴线上，为"四水归堂"庭院的对景建筑。从会客厅可以看到近处的草坪、棕榈树以及远处的大海，会客厅的内部摆放了四组沙发。每一组配置相应的电风扇和灯具。其中几个黑色的旧柜子是很精美的古董，造型很有斯里兰卡风格。书房的两翼是客房，客房的层高比较高，内部设施也很高级。所有家具都是稳重的黑色木质格调。毛巾等也有着较舒适的手感。卫生间摆放蜡烛、陶罐以及烛台等银器制品。客房中有一些藤艺家具，展示出斯里兰卡手工匠人的高超工艺。

　　总体来看，别墅酒店的位置在海边第一排，拥有私人沙滩，景观环境极佳，但是也有海啸、洪水的危险。建筑基本都是一层，功能实用，空间体验很舒适。建筑及室内设计的风格是简洁大气的现代主义结合热带地区的地域乡土主义。

酒店入口的细部做法

酒店入口的内天井区域，水池中养锦鲤

① 酒店客房建筑的外廊式造型

② 酒店会客厅室内的布局及细部装饰物品

③ 酒店会客厅室内的布艺装饰和蜡烛摆件

④ 酒店会客厅内黑色的古董柜

⑤ 酒店后部靠海边的游泳池

⑥ 酒店海边的草坪与大树，游人可以坐在
躺椅上看远处的印度洋

（七）迭代实验

以加勒古镇餐饮业的迭代实验为例。随着游客的地域性不断变化，餐饮的口味风格也跟着变化，从单调乏味的斯里兰卡餐逐步增加了西餐、日餐及中餐等不同的类型。另外，新开张的酒店都在寻找好的地段，特别是能看到大海和古城的地段，因此导致一些自住型的度假别墅平时也作为开放的民宿酒店经营使用，如前述的莫斯福德别墅酒店。

从景观设计来看，古镇在不断进行着景观改造的迭代实验，如强化它作为军事堡垒的历史文化特色，结合体现殖民地时代欧洲人和斯里兰卡当地人交流、工作、生活的青铜雕塑等艺术品，揭示了那一段独特的历史。也通过放置在古镇街角处的渔船、锚、渔网等作为装置艺术品，来体现本地民众具

讲述殖民地故事的雕塑

加勒古镇的夜景

道路边的船的雕塑

有地域特色的生活形态。另外，以夜景灯光的形式将古镇精彩的历史建筑群点亮，通过不断地迭代实验找到最适合的灯光表达。

（八）运营管理

加勒古镇拥有着如此优质的资源，通过有效的运营管理，一定会产生很大的经济效益。当前，基础设施的管理还有很大的提升空间，如各种配套服务设施还不够完善，更谈不上智能化的发展。从交通后勤管理的角度来说，道路狭窄、车辆简陋、交通速度慢、人车混行，这些都存在较大的交通安全隐患，对本地人及游客都很不安全。而从人员培训管理来看，当地的酒店、餐厅、特产商店的运营管理及服务人员的素质都有待提升。

（九）转型与坚持

应该说，当前加勒古镇军事堡垒的功能早已弱化，这里已经成功转型为具有世界知名度的历史文化旅游目的地。从历史建筑的几个角度来看，建筑的外观立面需要保留，修旧如旧。建筑的室内设计可以有较大的改变，包括风格和内部功能都可以转型改变，如改造成日式料理店或中餐馆等，体验感强。而自然环境、绿化景观要坚持保存下来，随着植物的生长，小镇的效果会越来越好。对中国的乡村来说，值得参考的思路是古镇由原来的军事堡垒转变成具有历史文化特色的旅游目的地，我们很多乡村古镇也有军事遗迹（如三国古战场等古代战场），都可以借鉴加勒古镇的做法。

巴德岗古镇中心广场中的历史建筑

关键词：历史体验　加德满都谷地

　　　　三大广场　王宫及神庙建筑群

价值点综述：

　　笔者于2013年3月到尼泊尔巴德岗古镇进行考察。古镇的爆点在于其三大广场有着规模宏大、距今千年的古建筑群。其体验设计也是围绕着古镇的建筑群及艺术品展开。古镇对中国的乡村有着很大的参考价值，它说明了历史体验的重要性。

（一）了解需求

巴德岗古镇位于尼泊尔首都加德满都以东14公里，于12世纪兴建，区域面积较大，游客基本在古镇的中心广场步行游览体验。英国著名旅行家鲍威尔说："即使整个尼泊尔都消失了，只要巴德岗在，就值得飞越大半个地球去探索它。"

（二）明确定位

尼泊尔拥有两处世界文化遗产——佛祖释迦牟尼出生地蓝毗尼（Lumpini）与加德满都谷地。巴德岗古镇为加德满都谷地三大古镇之一，曾是统一的马拉王朝的首都。这里是尼泊尔中世纪建筑和艺术的发源地，有规模庞大的王宫及神庙建筑群。民众信仰宗教，民风淳朴。"巴德岗"在尼泊尔语中的意思为"稻米之城"或"虔诚者之城"，被广泛认为是尼泊尔古典艺术的活化石，被誉为"中世纪尼泊尔城镇生活的橱窗"。

（三）聚焦爆点

巴德岗古镇最有价值的区域是极具文化特色的广场。作为曾经的国都，大量规模宏大的古建筑群集中在古镇的三大广场之中——杜巴广场、陶玛迪广场和塔丘帕广场。而与这些广场相对应的是一些狭长逼仄的街巷古道及砖红色的老建筑，它们是具有私密性的，但也体现了当下尼泊尔人的生活场景，同样值得仔细品味。总之，这些真实保存了近千年的历史古迹，是古镇的爆点。

（四）设置功能

从建筑功能上来看，古镇的历史建筑基本都保留，造型优美、保存完好的建筑物作为历史古迹及旅游服务设施供游客参观和使用，并增加了餐饮、酒店、杂货铺、土特产商店等功能。

广场中的历史建筑

神庙中造型逼真的雕塑

雕塑的细部

从基础设施的功能上来看,满足当地居民的饮用水设施都十分简陋,妇女们要到水井处取水,在池塘边洗衣服,缺乏水质净化设施,存在污染、疾病等的危害。此外,垃圾回收设施也很少,更没有垃圾分类处理,各种垃圾随处乱扔,街道也是脏乱差。

从交通功能上来看,古镇外围和主要街道以车行交通为主,进入古镇主要的广场区域基本都是步行交通,这也让游客静下心来细细品味这些历史遗迹。

(五)营造空间

从历史上来看,古镇作为世界文化遗产加德满都谷地的代表及皇家贵族生活和工作的场所,到今天留存下来非常多珍贵的历史古迹,展示了其历史建筑高超的技艺和精美绝伦的美学造诣。当前,古镇需要提升城乡规划的水平。由于土地私有制以及国王遇刺、内战多年、政治混乱等一系列问题，古镇明显缺乏城乡规划，大量新建的建筑物杂乱无章，建材极其简陋（基本为裸露的红砖结合混凝土结构），建筑形态单调，毫无美感可言，如同一个大贫民窟。这种现象也代表了尼泊尔自我生长蔓延的贫民化城乡形态。

尼泊尔需要新城计划，如保留巴德岗这样的古镇格局及生活状态，让游客了解尼泊尔的历史文化，并选址建设"新巴德岗"。因为这样的古镇根本无法真正为尼泊尔国民提供好的生活品质，同时也很难去改造这样的古镇，既可能破坏原有的古镇风貌，也可能新老混合而导致不伦不类，所以不如选址建设新城，把新城市的基础设施建设到位，可以参考中国模式如上海浦东、深圳开发等成熟经验。

远眺巴德岗的广场，一片历时近千年的砖红色建筑群

杜巴广场是巴德岗的第一大广场，四周全是形形色色的古老庙宇和老房子。这里有长达500年马拉王朝的王宫，包括许多各具艺术特色的宫殿、庭院、寺庙、雕像等。其中的金门和55窗宫，因其精美的铜铸和木雕艺术而闻名，是罕见的艺术珍品。

陶马迪广场位于巴德岗古镇的东南方，为其第二大广场，是巴德岗上千年文化历史长河中的一个重要组成部分。这个广场上有三个重要的神庙，分别是尼亚塔波拉神庙、拜拉瓦纳特神庙及纳拉扬神庙，均为历史文化体验的必游之地。

塔丘帕广场也被称为"达塔特拉亚广场"，呈矩形，由四周包围起来的中世纪寺庙和房屋组成，是中世纪巴德岗古镇三个广场中最后的一座。

这些景观空间以广场为主，让高密度的建筑群有一定面积的公共开放空间。广场上的建筑大都是历史建筑，质朴的砖红色是巴德岗古镇的主色调，结合深栗色的精制木雕，大量的寺庙和砖石佛塔构成其独特的建筑景观风格。

（六）体验设计

关于巴德岗古镇的体验，游客主要是在三个广场上走走看看，还可以到广场附近的街巷小店喝咖啡、吃饭及购物。笔者比较关注的体验内容有如下两方面：第一是巴德岗近千年的历史建筑，木雕、石雕等艺术，并思考巴德岗古镇对未来的可持续发展规划；第二是对古镇各年龄层次的人群进行观察，如儿童的教育问题、老人和妇女的生活问题等。

巴德岗的男性干一些技术活，如从事宗教仪式，老人多以休息、晒太阳、聊天等方式打发时光

巴德岗的妇女从事繁重的体力劳动，如挑水是她们每天重要的工作之一。但水井中的水污染严重，长期饮用会导致健康问题

巴德岗贫穷的孩子，衣服破旧，也缺乏学习的机会，就在广场上乞讨、自学或帮父母干活

从巴德岗的学生身上，看出尼泊尔较为明显的贫富差距

（七）迭代实验

当前尼泊尔的支柱产业为旅游业，旅游业可以带动房地产业、酒店业、餐饮业、商业、基础设施等一系列产业发展。由于尼泊尔在欧美地区的知名度比较高，2002年被英国BBC评为"一生必到之国"第二名。但是，目前到尼泊尔旅游的中国游客还是比较少的，因此可以大力宣传吸引中国游客到尼泊尔旅游。因为是邻国，距离比较近，而且这里的消费水平较低，所以大力吸引中国游客将给尼泊尔带来巨大的商业收益。尼泊尔的旅游业可以重点关注以下两个方面：第一是如巴德岗这样的历史文化遗产旅游和如奇特旺国家公园这样的自然文化遗产旅游；第二是发展运动产业，如前述的尼泊尔博卡拉著名的喜马拉雅山区徒步案例。另外，还有滑翔伞、溪涧漂流等，都是尼泊尔极具特色的运动项目。

（八）运营管理

巴德岗古镇管理机构的目标是保护历史遗迹，同时增加经济收入，提升尼泊尔民众的生活水平。但是，许多游客对于当地管理机构的评价是"眼界较狭窄、效率较低下"。这致使他们守着如此巨大的宝藏，却无法创造出更多的经济价值。所以，对相关行业的从业人员进行培训是势在必行的。

2015年4月的大地震对巴德岗的古迹带来了巨大的影响，杜巴广场上的许多古老寺庙、建筑、雕塑受损，到处散落着砖石，近千年的古迹顷刻间灰飞烟灭，这是人类珍贵的历史古迹的重大损失。所以，安全保障和环境保护措施也是古镇重要的运营管理工作，包括人身安全、建筑安全、环境安全等许多方面。

（九）转型与坚持

第一，要解决极度匮乏的水资源问题。由于喜马拉雅山脉在尼泊尔的北侧，尼泊尔的地形为从北部往南部缓慢倾斜的坡地，因此不加人造设施的干预难以存留地表水，水都经过尼泊尔流向南侧的印度去了。而且由于尼泊尔极为贫穷落后，基本没有修建排水及污水管网，导致生活用水、生活垃圾、生产污水等随意排入河流之中或渗入地下，严重污染地下水。所以其饮用水有一股强烈的铁锈味，长期饮用对人体健康有极大的危害。因此从人的生存角度来说，尽快获得干净和可持续的水源，并保证水质适合人类饮用，这是尼泊尔最重要的工作。

第二，要解决一系列环境污染的问题。由于尼泊尔严重缺水，大多数土壤较为干旱，导致风一吹就有大量粉尘及垃圾随风飞扬，所以在巴德岗古镇看到许多人在马路上都戴着口罩，坐在行驶的汽车里也戴着口罩，在呼吸时明显能感受到灰尘的味道。而那些随地乱扔的生活垃圾，如塑料袋、废弃物等形成巴德岗脏乱差的古镇街景。由于尼泊尔民众基本上还在贫困线上挣扎，所以解决温饱及生存是首要问题，还缺乏环保的理念和意识。

第三，要解决儿童的教育问题。尼泊尔经济极度落后，加德满都作为尼泊尔最发达的城市及首都，当前的城市发展水平大致相当于中国20世纪80年代初内陆三四线城市的水平。巴德岗古镇大量儿童缺乏正规的教育，流浪街头，伸手向游客要钱。当然，也看到了一些上学的儿童穿着整齐的校服，男生扎着领带或领结，女生穿着裙子，十分讲究礼仪和形象。受教育的儿童和基本无教育的儿童共同构成了巴德岗古镇的人物图景，强烈的反差共存显示了尼泊尔在政治、经济等各方面问题的矛盾性与复杂性。

总之，巴德岗古镇对中国的乡村有着很大的参考价值，它说明了哪怕该地区当前是经济极其落后、贫困破落的面貌，只要有着货真价实的历史古迹就一定能吸引世界各地的游客前来参观游览，这就是历史文化的力量。

在乌布塔娜伽嘉度假酒店（Chedi Club）乘坐热气球，俯瞰稻田和酒店餐厅建筑美景

五、印度尼西亚：巴厘岛乌布乡村小镇

——世界最佳岛屿中心的稻田生活体验

UBUD, BALI, INDONESIA

关键词：文化体验　稻田　酒店　寺庙　皇宫　圣泉寺　梯田　椰林大秋千

价值点综述：

笔者于2019年4月到巴厘岛乌布乡村小镇进行考察。小镇的爆点为当地几个著名的景点，如老皇宫、圣泉寺及水稻梯田中的椰林大秋千等。还有特色的度假酒店及土特产，如猫屎咖啡等。其体验设计是抓住小镇三个核心的定位（乡村田园、历史文化及度假酒店）来做的。巴厘岛能把乌布乡村的水稻田做成世界级的景观，那么多国际游客纷至沓来，几乎所有的酒店管理公司都以能在巴厘岛有一个自己品牌的酒店而自豪，这就是巴厘岛的历史、文化及独特的地理所带来的魅力，非常值得我们借鉴和学习。

（一）了解需求

巴厘岛是印度尼西亚一个重要的旅游岛，位于爪哇岛东部，面积5620平方公里。巴厘岛的地势东高西低，山脉横贯，有10余座火山，东部的阿贡火山海拔3142米，是全岛最高峰。巴厘岛地处赤道，气候炎热而潮湿，是典型的海岛型热带雨林气候。巴厘岛经济发达，居民主要是巴厘人，信奉印度教，以擅长建造庙宇建筑、雕刻、绘画、音乐、纺织、歌舞等闻名于世。2015年美国著名旅游杂志《旅游+休闲》（Travel + Leisure）将巴厘岛评为"世界最佳岛屿"之一。巴厘岛大致可以分为两种旅游类型：海边沙滩酒店游和山地乡村森林游。前者的代表为金巴兰海滩，而后者的代表为乌布乡村小镇。乌布为巴厘岛中部山区的一个乡村小镇，随着游客数量的不断增加，乌布小镇的范围逐步扩大，将周边几个乡村也包含进来，常住人口约有3万多人。游客到乌布小镇旅游的需求是体验巴厘岛原汁原味的乡村森林生活、与众不同的历史传统文化以及世界著名的各类度假酒店。根据统计，2012年巴厘岛接待了约288万外国游客和500万印尼国内游客。基于印尼银行2013年5月的调查显示，34.39%到巴厘岛旅游的游客为中产阶层及以上人士，消费在约1286~5592美元之间，主要来自澳大利亚、法国、中国、德国和美国等国家。

（二）明确定位

由上述需求，得出巴厘岛乌布小镇的定位是为游客提供独具特色的、多功能混合的旅游体验。

（1）乡村田园游。乌布小镇的山地、森林、水稻田（特别是梯田）将巴厘岛传统的农耕文化融合荷兰殖民时代留下的欧式风格，形成独具特色的乌布风情。而且由于许多的酒店、民宿就开在水稻田边，并有当地人一直在水稻田中生产劳作，这种真实的乡村农业场景是世界各地的游客希望体验的感觉。

（2）历史文化游。巴厘岛传统的历史与文化，如舞蹈、绘画、艺术、木雕等都给世界各地前来旅游的游客带来新鲜感，也带来了大量的经济收入。

（3）**度假酒店游**。每年大量的游客来巴厘岛旅游，其高品质的酒店成为旅游的目的地。巴厘岛成功地做到了这一点，这是非常难得的成就。除了高端酒店，民宿、青年旅社等形成了不同档次定位的互补，满足如背包客、学生族等游客的需求。

旅游业是巴厘岛最大的产业，由此带动酒店业、餐饮业以及其他相关产业，如各种木头、竹子作旧的工厂，石雕及佛像的制作作坊，苗木基地，室内装修及软装器物的店铺等，形成一系列产业链，创造出相应的经济收益。

（三）聚焦爆点

巴厘岛乌布小镇有几个著名的景点——老皇宫（Ubud Palace）、圣泉寺（Tirtha Empul）、水稻梯田中的椰林大秋千等，在全球的社交媒体上都是网红景点，吸引大家来拍照打卡，其良好的口碑和独特的异域风情吸引了越来越多的游客前来旅游，并取得了丰厚的经济收益。由此带来的旅游收入让政府可以开发出更多有特色的旅游景点，并让具有巴厘岛风情的音乐、舞蹈等历史文化的艺术形式更好地传承和发展。另外，巴厘岛大大小小的酒店及民宿有近千家，乌布小镇有几个度假酒店也是爆点之一。

除了体验历史文化建筑，游客到巴厘岛总要购买一些特色产品，如猫屎咖啡（Kopi Luwak）就是国际游客到巴厘岛争相购买的爆款产品。"Kopi"是印尼语"咖啡"的意思，"Luwak"则是一种印尼野生的麝香猫。这种麝香猫喜欢食用咖啡树中最成熟香甜、饱满多汁的咖啡果实。而咖啡果实经过它的消化系统，被消化掉的只是果实外表的果肉，坚硬无比的咖啡原豆会被当作粪便排出体外。但这种咖啡豆在这个过程中产生了神奇的变化，苦味降低，增加了圆润的口感，味道特别香醇，是其他咖啡豆无法比拟的。这种创新的产品风

麝香猫，巴厘岛著名的特产"猫屎咖啡"的生产者

摩全球，因为产量稀少而价格昂贵，也为乌布小镇的民众带来了可观的经济收益。

（四）设置功能

从旅游及服务功能来看，酒店及民宿满足了游客的住宿需求，博物馆及美术馆满足了游客体验巴厘岛的历史文化的需求，商业街区、集市、工艺品商店、餐厅、咖啡厅、旅游服务中心等提供服务设施的功能，梯田大秋千等景点提供了娱乐活动的功能。

从交通功能来看，乌布小镇要满足车行交通组织及停车场的设置。当前道路狭窄，很难停车，这是一个严重的问题。还有就是增加了自行车、摩托车的骑行线路，让一些喜欢运动的旅游人士来骑行的。摩托车是乌布当地比较常见的交通工具，游客租摩托车逛街区及景点，也是很有意思的旅行体验。步行的区域则主要集中在景点、商业集市的内部及周边等。

乌布小镇起伏的车行道路

摩托车成为乌布小镇最常见的交通工具，不少骑车者是外国游客

（五）营造空间

乌布小镇的整体规划理念为热带亚洲的农耕文化，空间结构为自然有机生长的建筑群体慢慢交融在一起，形成越来越和谐的乡村小镇空间。其边界根据不同的区域有着各自的形态，如山地、森林、河流、道路、农田（梯田）等作为边界。

　　从建筑设计来看，用地域性的乡土建筑材料（如木、竹等）将建筑隐藏在绿化之中；突出建筑与森林、农田的关系，体现了对大自然的尊重。其地标建筑如老皇宫、圣泉寺、椰林大秋千及皇宫旁的大集市等。

　　从景观设计来看，水景较多，游客到这里玩的内容也大都与水有关，如各种游泳池。植物以开花的鸡蛋花、龙船花、三角梅、椰子树等为主景树。善于借景，如借水稻梯田、远山、椰林等。雕塑以佛像、动物小品为原型设计施工，很多大型的佛像雕塑作品就耸立在道路的交叉口、环岛及绿地之中，成为小镇的标识物。

乌布小镇随处可见的巴厘岛风情佛像雕塑，尺度巨大，经常放置在车行道的圆盘中心位置

乌布小镇有很多石材雕刻厂，摆放各种精美的石材艺术品

（六）体验设计

1. 老皇宫

　　老皇宫建于16世纪，外观雄伟的石刻堪称一绝，随处可见的金箔装饰让整个宫廷更显辉煌，目前皇宫前院已整理成对外运营的酒店，但后院仍居住着苏卡瓦堤王室的后裔。另外，皇宫庭院在夜晚还会有巴厘岛当地传统的舞蹈表演，如雷贡舞、假面舞、迎宾舞等，可以体验巴厘岛独特的艺术文化。

老皇宫的建筑与艺术品的细节

老皇宫中学习巴厘岛传统舞蹈的老师与女孩们，她们会经常在老皇宫的舞台上给游客表演

2. 圣泉寺

巴厘岛号称"千寺之岛"，圣泉寺是巴厘岛上著名的庙宇之一，已有一千多年的历史。石头圣龛上早已苔痕斑斑，而泉水依然奔涌不息。圣泉寺建筑规模宏大完整，从该景点几乎可以看到巴厘岛庙宇的所有特点。经常有岛上居民和游客前来洗浴，以求平安。

圣泉寺，许多当地民众和外国游客来接受洗礼

3. 梯田椰林大秋千

梯田椰林大秋千位于乌布梯田及森林的交汇处，坐落于山谷与悬崖上方，大秋千根据高度不同形成三种类型，分别为5米、10米及20米的高度不等。荡10米高的大秋千最适合拍照，荡20米高的大秋千就需要有足够的勇气。

梯田椰林大秋千景区游客众多，周边盖起各种民宿及餐厅

稻田里布置着各种有趣的稻草人

这是众多游客到巴厘岛乌布小镇必玩的项目，不仅刺激，而且拍出照片也很好看

用竹编搭建出来的鸟巢休息亭很受欢迎，可拍出具有田园诗意的照片

4. 老皇宫旁的集市

老皇宫旁的集市是巴厘岛著名的购物景点，几乎每个游客都会到此一游。其摊位很多，摆满了各种各样的商品，例如银器、木雕、蜡染、服装、皮鞋、纪念品、乐器等。这里经常人潮汹涌，人声鼎沸，各种叫卖声、讨价还价声此起彼伏。

巴厘岛的管理者精心保护着几千年流传下来的历史文化，如佛寺、庙堂、木雕及石雕的工艺传承等。而且，他们不让麦当劳、肯德基等洋快餐进入乌布小镇的中心区，而是以当地特色的餐饮、酒吧、咖啡馆为主。

巴厘岛的酒店在数量和质量上都是世界第一流的。其乡村管理者做好"裁判"，酒店开发商及运营方做好"运动员"。"运动员"做对乡村有意义、有价值，也对他们自身有收益的工作；"裁判"负责评价好坏，对不好的酒店进行批评整改，对好的酒店进行宣传推广。这样，"运动员"会有积极性，做出丰富性和多样性，百花齐放；否则就可能导致标准统一，内容形式都趋同，缺乏创意和活力。

5. 酒店类的爆点项目

（1）乌布塔娜伽嘉（Tanah Gajah，Chedi Club）度假酒店。

乌布塔娜伽嘉度假酒店占地5公顷，掩映在连绵起伏的群山峻岭之间，为生机勃勃的稻田所环绕。它是印尼著名建筑大师、室内设计师及艺术收藏家Hendra Hadiprana于20世纪80年代初期倾力打造的巴厘岛私人居所，为家人及好友周末度假而设计建造的，当前被作为精品度假酒店运营。"塔娜伽嘉"（Tanah Gajah）的意思为"大象王国"，源于附近的象窟，因此酒店设计了许多隐喻大象与印度象神的雕塑，如通往酒店的桥梁与入口均由石雕大象守卫着，大堂顶棚上也垂挂下来许多飞象，花园中有大象雕塑为基座的陶质花盆，有喷泉从大象鼻子处向池塘和泳池喷水，在通往大堂的草坪上还有一支大象乐队。

酒店的花园十分优美。主泳池是最壮观的景观节点，为长方形标准泳池的形式，两侧大树围绕，一端是对景的喷水雕塑，另一端是一个休息亭。除了主游泳池，花园中有一片湖泊，参天大树与精致荷花点缀其间，还有荷兰白天鹅与澳大利亚珀斯黑天鹅畅游在湖中。酒店几十年来一直在其露天剧场上演凯卡克（Kecak）火焰舞。表演结束后，酒店餐厅还为宾客准备传统的巴厘岛皇家晚宴。另外，酒店还有巴厘岛地区唯一的热气球体验。游客乘坐小型的热气球从水稻田中起飞升至二三十米高的半空中，可以俯瞰广阔的水稻田及酒店全貌，还可以远眺阿贡火山。

酒店餐厅的建筑形式大气雄浑。春秋季节把建筑的立面格栅打开，空气流通，凉风习习；夏天用竹帘遮挡烈日的暴晒。坐在餐厅之中，喝着咖啡，品尝当地的美食，看着热气球飞起，还有农民插播水稻等情景，带给游客乡村田园美景的体验。

酒店的大多数客房为一层院落式客房。建筑立面形式具有巴厘岛地域特色。外围用热带地区常见的攀缘植物爬满廊架，不时绽放鲜花。客房周边被起伏的草坪所包围，以乡土植物为主景，辅以荷塘水生植物景观。池塘边设置一座茅草屋顶的休息亭。客房室内空间平面分区明确，动线清晰。其厕所空间是一大亮点，分成三个区域，干湿分离。洗漱区镜子很大，布品很精致；其背面是磨砂玻璃围合的马桶区域；绕过洗漱区，就走到左侧半室外的浴缸区，右侧则是有顶的淋浴区，给人比较惊喜的体验。最受游客欢迎的客房类型是紧贴着稻田的客房，游客打开房门就能看到水稻田，也可以在田埂上吃一顿烛光晚餐，体验与众不同的乡村田园生活。

酒店以大象为主题的装饰物，如屋顶悬挂的飞象和象神雕塑

酒店中心景观水池、大象雕塑喷泉

酒店中的自然景观非常优美，参天大树，自然水系中养着天鹅，人工池塘中种植荷花，还有木栈桥和休息亭

酒店中静谧而大气的游泳池

酒店中被稻田包围的主餐厅，建筑物具有巴厘岛地域风情，体验感非常好

酒店主餐厅为木结构建筑，门扇可打开通风透气，坐在稻田边吃饭的体验很独特

酒店有巴厘岛唯一的热气球，还会给乘坐者颁发证书

从热气球上俯瞰酒店旁的稻田及农舍

酒店的稻田客房是最贵的客房，开门或开窗就能看到水稻田

酒店客房及外围的爬藤廊架

客房的半开放式厕所、洗浴空间

客房周边的荷塘

客房的休息亭，顶部的动物雕塑（雄鸡）很有趣

客房周边的草坪、水洗石道路及鸡蛋花行道树

酒店客房室内的大床、灯具及绘画装饰

SPA 区域的景观，水池中有雕塑作为对景，远处的背景建筑是在梯田中的餐厅

SPA 区域的精油用品，用鲜花点缀，很生态，也很干净

（2）乌布卡佩乐（Capella）帐篷酒店。

乌布卡佩乐帐篷酒店的主题是让游客体验荷兰殖民者到巴厘岛丛林探险的经历，一共为22间帐篷客房，都被周边浓密的植物所包裹。酒店是2018年9月开业的，基本代表了巴厘岛当前酒店业的最高水平。

从运营管理上来看，开发商邀请卡佩乐作为运营管理公司，由比尔·宾士利（Bill Beasley）事务所进行建筑、景观、室内一体化设计。酒店的每间客房都有一个主题，笔者住的是玩具师主题，还有面包师主题、船长主题等，室内设计及家具软装都根据不同的主题做出了特色。

酒店的公共空间也都是以帐篷的形式来表达的。如餐厅的建筑造型是一个大帐篷结合木结构形式，圆弧形的屋顶绘制了巨幅的展现佛教主题的壁画。柱子上有雕塑作品，既是现代风格又有传统的文化传承，让人叹为观止。又如公共活动室十分巨大，让人完全想象不到是在帐篷之中，里面有各种家具、艺术装饰及摆件，还有美食及运动器械。另外，室外游泳池也是酒店的爆点，被设计师表达成一个放在室外的长约25米、宽约10米的大浴缸，有很多水龙头往里灌水，细部是探险、野奢风格，运用了许多工业元素，很有设计感。健身房也是以帐篷的形式隐藏在丛林之中的，装饰的帐篷布艺上有着巴厘岛特色的图案。

酒店的施工难度极大，由于山地地形复杂，开发商及设计师都希望对山地的破坏减到最小，因此每一栋帐篷客房都在小范围内施工，尽量少砍伐周边的植被。为达到私密性，施工还有很多隐性的基础设施（如挡土墙、坡道、水电管网、空调设施等）的成本投入。

总之，帐篷酒店建设了五年时间，是巴厘岛乌布小镇独具特色的酒店，吸引大量高端的游客来体验，口碑评价都非常好。

酒店的帐篷接待中心，融合在自然山体和森林之中　　公共活动室的室内装饰

公共餐厅的帐篷建筑造型（左：正立面；右：侧立面）

公共餐厅的帐篷内部的雕塑及天花绘画　　　　公共餐厅的室内布置及海鲜自助大餐

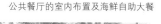

公共泳池掩映在森林绿化之中，造型独特，极具爆点

酒店公共的露天电影区，烤着火盆，坐在餐桌旁点一杯果汁或红酒，一边惬意地观看电影

公共健身房也是在一个大帐篷之中，空间丰富多变

帐篷客房院子中的休息大沙发

不同的客房都有一个不同造型的院落入口大门

帐篷客房院子中的木平台及泳池

"玩具师"主题的客房帐篷的室内空间　"玩具师"主题风格展现在客房的细节上，如风筝、自行车摆件及各种玩具摆件等

（3）乌布阿丽拉酒店（Alila）。

乌布阿丽拉酒店的客房建筑设计是比较陈旧的。多层客房楼为二层，左右两个，上下也有两个，一栋楼共有4间客房。由于普通客房的面积比较小，卫生间在室内，淋浴则在半室外，浴缸为老旧的玻璃钢造型，给人很廉价的感觉。客房中的设施也很一般，缺乏新鲜感。客房外围形成小阳台的效果，摆放座椅和沙发。靠近山谷处有圆形茅草顶的独栋阿丽拉客房。

优势如下：第一，酒店为建筑大师科瑞·希尔（Kerry Hill）早期的设计作品，开创了酒店运用无边泳池的先例，成为从20世纪90年代至今的网红打卡酒店；第二，运用山林借景的手法——酒店所在的山谷每到傍晚就云雾缭绕，仿佛进入仙境一般；第三，酒店的餐饮服务和活动策划内容丰富，并且穿插各种给人惊喜的活动，如在泳池畔举办夜晚露天电影，笔者住宿那一晚放映《摘星奇缘》（Crazy Rich Asians）非常应景，可以感受到东南亚地区的奢华热烈与欢乐富贵的感觉。

不足之处如下：第一，缺乏无障碍设计。酒店面积很大，到处都是大台阶，没有坡道，携带行李极不方便；第二，酒店名声在外，至少几十年前就建成开业了，当前建筑的形式及功能已经严重老化了，需要维护和提升；第三，山上有许多猴群，酒店客人在吃饭和游泳的时候，猴子经常来偷吃游客的食物，酒店工作人员就不得不拿着空弹弓驱赶猴子。

① 酒店的周边被稻田包围，有农夫在耕种

② 酒店的入口带 LOGO 的墙体，非常低调

③ 酒店的餐厅视野通透，可以观赏周边的山体森林，建筑以木结构为主，结合竹帘等乡土材料

④ 号称"无边泳池的鼻祖"，景观非常美，周边山谷森林绿意盎然，傍晚云雾缭绕

⑤ 酒店展示极具巴厘岛特色的野猪面具

黄昏时分,夕阳西下,一片红色的晚霞结合着山谷氤氲的薄雾,餐厅和泳池点亮灯光,一派世外桃源的乡村田园风光

建筑设计低调朴实,与自然环境很好地融为一体　　石头墙体展现了原生态的味道

(4)乌布阿贡拉伊艺术博物馆(The Agung Rai Museum of Art,以下简称ARMA)及度假酒店。

乌布阿贡拉伊艺术博物馆及度假酒店于1996年6月9日正式开放。博物馆还是巴厘岛乌布地区的视觉和表演艺术中心,提供旅游者欣赏绘画等艺术作品,特别是当代艺术展览、戏剧表演、舞蹈课程,以及会议、工作营等活动。

博物馆由一系列新巴厘岛风格的建筑物组成,在传统巴厘岛风格上有所优化。其建筑设计和景观设计大量使用乡土材料。两个主体建筑(分别为1200平方米和3300平方米)位于整个园区的中心,池塘和喷泉作为主体景观,整个园区被周边狭长的水稻田所包围。园区内有一系列开放的舞台区域,是汇聚的场地,给游客带来巴厘岛当地的舞蹈和戏剧表演,并举行盛大的户外宴会。

整个博物馆的园林曲径通幽,各种奇花异草种植在园区之中,池塘里生长着荷花及睡莲等水生植物。主要的景观广场上设置特色的艺术品雕塑,局部场地有户外廊架及休息聚会的坐凳。

　　博物馆的内部展示着丰富的、具有巴厘岛地域特色的艺术作品，以绘画作品为主，局部也有现代雕塑作品集中展示。还有从传统到当代风格的印尼艺术家及国外艺术家作品，如经典的树皮画"Kamasan"、20世纪三四十年代的巴图布兰（Batuan）风格的艺术作品，还有只能在巴厘岛看到的18世纪爪哇艺术家、巴厘岛大师的绘画作品等。

　　博物馆内特色的咖啡馆为典型的巴厘岛建筑形式，体现热带现代主义的风格。在整个竹质的大空间中布置桌椅，顶部有特色的灯具照明，整体气氛温馨浪漫。

　　园区内体现着浓厚的宗教氛围，如巨大的祭拜殿堂内摆放着精致的佛像。还有可以表演的舞台，为游客及演员提供活动的场所。

　　酒店客房有着不同的风格，基本都是沿着一条溪流的两侧修建，为典型的巴厘岛风情建筑形式，如雕梁画栋的大门和装饰亭。客房一楼有花园休息阳台，非常舒适。

ARMA 博物馆的入口建筑景观

ARMA 博物馆被周围狭长的水稻田围绕起来

ARMA 博物馆内部的景观，跟随观赏动线的改变而改变

ARMA 博物馆中室外放置的现代艺术藏品

ARMA 博物馆中的佛堂及宗教装饰物

ARMA 博物馆中的佛像，藏于树干之中

ARMA 博物馆内的室内空间，陈设有绘画等多种
艺术品

ARMA 博物馆园林中的大象、鳄鱼、猪及佛像等雕塑作品

ARMA 博物馆中咖啡馆的室内布局

ARMA 博物馆中咖啡馆的庭院空间

园区内巨大的祭拜殿堂

ARMA 度假酒店中放松休闲的游泳池

ARMA 度假酒店中的池塘景观

ARMA 度假酒店中客房门口的休息区

（七）迭代实验

酒店的迭代实验：酒店的风格、形式、面积等的更新迭代速度很快，如从20世纪八九十年代的欧式风格逐步转变成当前的野奢、私密、现代典雅风格。很多游客喜欢更换不同的酒店体验，这使得巴厘岛的酒店变成了旅游的目的地。

餐饮的迭代实验：餐饮的口味根据不同国家的游客占游客总数的比例而发生着微妙的变化。如随着中国到巴厘岛度假的游客数量不断增多，当前乌布的中餐馆数量激增，这说明了餐饮业正在根据市场的转变进行着剧烈的迭代和优化。

旅游景点的迭代实验：乌布小镇以前的旅游景点一直是老皇宫和圣泉寺，但梯田椰林大秋千是新开发出来的旅游景点，被社交媒体引爆，游客争先恐后前来体验。这说明了新的景点一定要颜值高、体验感强，同时鼓励游客将照片和视频上传社交媒体，进行病毒式的口碑传播。

（八）运营管理

根据统计，到巴厘岛的游客数量每年都稳居印尼各地区游客人数的冠军。应该说，游客的大量流入给巴厘岛带来了巨大的经济收益。通过口碑传播吸引更多人前来，从而形成病毒式传播效应，进入了良性循环。运营管理中还要解决部分破坏生态环境的问题，要停止超出环境承载能力的项目。还有避免干扰当地民众，破坏他们的生活隐私。

从人员培训管理来看，高档次的酒店业、餐饮业等服务业为巴厘岛培训和吸引了许多专业的人才，而且多功能、多行业的综合发展带动了整个乌布乡村的经济发展。总体而言，巴厘岛人被国际酒店行业培训得很专业，巴厘岛的旅游人才在英文水平、对新鲜事物勇于接受和学习、有礼貌讲诚信等各方面在东南亚地区都是一流的，也是性价比最高的。巴厘岛能有今天的发展，不得不说是这些高档次的酒店业、餐饮业、服务业为他们培训出许多专业人才。由于人才的大量流入，包括各种服务业者、创业者，都使巴厘岛的经济发展好于印尼的其他地方。这也是中国的乡村可以借鉴和学习之处。

从安全管理来看，2002年及2005年两次恐怖袭击对巴厘岛的旅游业带来沉重的打击，造成巴厘岛经济的严重衰退，大量国际旅游者都不敢来此旅游。所以，安全管理非常重要。例如，当前入住乌布的酒店，在门卫处保安人员都要打开出租车或私家车的后备厢，看看有没有危险物品，避免再次发生恐怖事件。

从基础设施来看，要提供国际游客符合甚至高于国际标准的饮用水、食物、清洁的卫浴设施，干净卫生的游泳池，舒适度高的床品（如枕头、被单等），先进的运动娱乐设施等，这才能给游客更好的体验，留下满意的口碑。

从交通后勤来看，例如乌布的出租车司机还是文明程度很高的，基本不会漫天要价，而是按打表来收费。道路尺度适合人行，街道基本是2~4车道，偏紧凑，林荫覆盖，环境很舒适。道路上机动车及摩托车混行，偶尔非机动车道上还有行人、儿童及牲畜，所以开车要很注意安全。

（九）转型与坚持

巴厘岛乌布的人为什么热爱乡村？巴厘岛的文化如何一代代地坚持并传承下去？

巴厘岛一代代年轻人不愿意离开巴厘岛，不愿意离开这充满艺术的家乡，愿意留在家乡做力所能及的事，这是巴厘岛的文化艺术可以传承下去的原因。从经济的角度来看，巴厘岛几乎每个家庭都有一两个酒店从业者，而且每个家庭的孩子都希望上酒店管理学校，将来从事酒店行业的相关工作，这说明他们作为本地人对巴厘岛的热爱。当前，当地人也逐渐开起了民宿，自己及家人一起成为民宿的主人。当然，酒店业公司也得到了丰厚的收入，双方是双赢、互利、互惠的关系。从长远来看，乌布的乡村田园主题要坚持下去，其历史及传统文化要与时俱进，通过转型的方式产生爆点，获得更大的经济收益。总之，乌布小镇成功的开发模式，值得中国的乡村借鉴和学习。

第三节 产业体验

在剑桥小镇沿着剑河游览，可以看到各式各样的学院建筑，河里游着天鹅，整体环境美轮美奂

一、英国：剑桥小镇

——800年乡村小镇与大学的和谐发展

THE UNIVERSITY AND TOWN OF CAMBRIDGE, UK

关键词：文化体验　产业小镇　世界级大学　教育产业
剑桥大学　剑桥小镇

价值点综述：

　　笔者于2011年1月去剑桥乡村小镇进行考察。小镇的爆点在于它拥有世界第一流的高等学府剑桥大学及其带来的众多产业。大多数游客到小镇主要是体验剑桥大学的环境及教育氛围。剑桥小镇优美的自然环境结合剑桥大学世界级的教育品质，使之成为当代如纳米技术、激光加工、光计算及通信、基因研究等方面的世界级科研中心，非常值得中国的乡村借鉴和学习。

（一）了解需求

剑桥小镇位于伦敦北约90公里处，地处平原，剑河从小镇的西门经其核心区域流向东北，注入乌斯河（River Ouse）。小镇为温带海洋性气候，冬暖夏凉，终年温和湿润。当前约有12万常住人口。从历史沿革来看，早在两千多年前罗马人就曾在这里屯兵驻军。从13世纪早期开始，剑桥小镇逐渐成为英国重要的内陆港口和商业中心，是英格兰最富庶地区的物流集散地及英国王室重要的财税来源地之一。1209年，剑桥大学正式建校，至今已经繁荣了800多年。应该说剑桥小镇便利的交通和积累的财富是剑桥大学一开始吸引广大学者前来的重要原因。从游客的需求来看，小镇独有的资源就是具有世界影响力的剑桥大学，每年都吸引全世界高质量的学生以及慕名而来参观考察的游客。21世纪，每年约有400万游客来到剑桥小镇参观游览，其中35%来自英国国外。

（二）明确定位

剑桥小镇的定位是以剑桥大学为发展核心的教育产业型乡村小镇。从剑桥大学的发展历史来看，英国高等教育资源向牛津、剑桥两所大学集中是使之成为世界一流大学的重要原因。其他原因如剑桥小镇安宁平和的治理环境、英格兰东部地区的富庶繁荣、交通便利，以及英国王室、政府及教会等的支持和庇护等。

（三）聚焦爆点

爆点在小镇的剑桥大学及其带来的众多产业。剑桥大学有着众多世界级的学院，如三一学院（Trinity College）、国王学院（King's College）、皇后学院（Queens' College）、彼得学院（Peterhouse）、圣约翰学院（St. John's College）等。百年学院中经典的建筑物很多。这里除了浓厚的学术氛围之外，还有许多商业及服务业、产学研一体化的高科技园区等，各方面配套十分齐全。而剑桥大学几百年来的故事与传说太多了，这也是剑桥小镇深厚的历史文脉，是其他乡村小镇无法达到的高度。另外，从游客的角度来看，剑桥大学和小镇有着优美的田园诗般的环境。在小镇的剑河两岸漫步，欣赏树林之中坐落着的古老校舍、庄严的教堂和爬满常春藤的红砖住宅。小镇除去建筑物、街道及广场，基本就被绿色的树林和草坪所覆盖。各个学院、商业及住宅门前的草地上，种植着红色的玫瑰、黄色的旱水仙，住宅及商业的阳台上摆放着鲜花盛开的花盆，特别是剑河蜿蜒流淌的水边垂柳成荫，大树繁茂。总体而言，剑桥大学不仅有着世界级的科学成就，而且小镇的整体乡村规划也是世界级的先进水平。

（四）设置功能

从公共设施及建筑物的功能来看，剑桥大学的建筑和教堂是小镇最重要的公共设施。如剑桥大学的图书馆，从小型学院图书馆到莱恩图书馆和雄鸡图书馆，再到20世纪的地标图书馆，不仅造福于大学的学生和当地的居民，也收藏了很多独一无二的手稿和书籍，完成了一代代传承英国国家文化的核心责任。

当前剑桥小镇上各种商业、展览、剧场、美术馆、博物馆等服务设施逐步增加，可以更加便利地满足民众和游客的生活需求。剑桥小镇的商业环境具有典型的英格兰乡村田园风情，并展现出深厚的文化底蕴。住宅区的居住环境也非常好，周边的公共绿地、儿童活动设施、健身运动设施很丰富，家家户户都精心打造庭院园艺，拥有宜居的生活环境。

从交通功能来看，剑桥往来于伦敦及其他各地的高速运输网络四通八达，如开车或坐巴士，公路交通十分便捷。另外，坐火车到剑桥也很方便。在剑桥小镇内部，乘小船沿剑河漂流游览剑桥美景是当地独有的旅游方式，当地人称为"撑篙"（Punting）。还有，在小镇骑自行车也是很好的运动及游览方式。小镇有3万辆自行车，被称为英国的"自行车之都"。1993年，小镇议会提出"绿色自行车计划"，向小镇中心发放自行车，供所有人免费使用。2007年再次提出免费自行车计划。

商业街区的建筑立面、商业街景及中庭从屋顶悬挂下来的特色小品

各种不同风格和形式的住宅建筑

（五）营造空间

（1）空间结构。小镇的核心区域基本都是剑桥大学的学院及相关产业，建筑群体根据不同的学院要求建造教室、图书馆、餐厅、礼拜堂及学生宿舍等建筑物。经历几百年的规划和建设之后，建筑群体呈现出沿着剑河、街道、公园绿地的院落式布局形态。主要的学院建筑群体量巨大，围合出内部的草坪庭院，可以举办各种活动。

（2）空间节点、边界及地标。空间节点以不同学院的校舍为代表，各学院的边界以建筑物及街巷划分，但是整体性很强，空间流动贯通，是大学与小镇完美融于一体的典范。著名的建筑物很多，例如国王学院的礼拜堂是整个剑桥大学和小镇的标志。

（3）**规划与建筑特色**。多种风格的建筑物有着不同的功能和形态，是极具吸引力的特色。剑桥小镇和剑桥大学的建筑物几乎能诠释整部英国的建筑史。如几百年来，剑桥大学各学院的建筑物使用各种不同的石材：国王学院礼拜堂用约克郡浅色石及北汉普顿深色石、参议厅用白色的波特兰石、奇斯学院用灰暗的安卡斯特岩、克莱尔用金黄的凯顿岩，与其他赭石棕黄的砖砌建筑物（采用荷兰式砖砌法，如荷兰三角山墙、露头砖及顺砖交替等方法）混杂坐落在一起，相映成趣。多彩的建筑材料和多变的建筑风格，是大学与小镇的一大建筑特色。因此，位于剑桥小镇唐宁街东侧的地球科学博物馆（1904年开放）收集了剑桥大学使用过的每一种砖和石头的标本，该馆的建筑立面共使用了48种石材和砖。

各学院的建筑形式

挺拔的建筑立面线条与自然
的老树进行对比

建筑的立面细部

各学院建筑立面上的雕塑及学院徽章

剑河两侧生长着大树，河里游着野鸭和天鹅

近几十年来，剑桥大学聘请了许多建筑大师来参与设计教学楼，如诺曼·福斯特（Norman Foster）、詹姆斯·斯特林（James Stirling）等，希望通过建筑设计来塑造更开放、更包容的大学形象。而且，剑桥大学的现代建筑更讲究节能环保，如数理研究中心的窗户、百叶窗帘、灯、门可以彼此链接与"对话"，对光线、温度及气流进行自动调节。但是，使用此楼的学生们却经常投诉说坐在密闭的阅览室里看书的时候，百叶窗帘突然神经质般打开，刹那间刺眼的阳光照射进来，让人睁不开眼睛。总之，不断进化的建筑生态系统，也要融入大学以学生为本的人文关怀。

（4）**自然环境及绿地花园**。剑桥小镇中心有80多公顷的花园绿地，这些绿地局部还保留着几百年前沼泽湿地的样子。17世纪，以修剪整齐的绿篱、植物雕塑为代表的荷兰园艺风格在剑桥流行。18世纪，风景式园林风格在剑桥兴起，模仿画家的风景画，草地、树木和溪流成为这个时期园林的特色元素。在此期间，国王学院开始以精心修剪的草坪而闻名。19世纪晚期到20世纪初期，工艺美术运动促使剑桥的园林风格进行了转变。20世纪50年代至今，现代园林风格突出自然生态与建筑的融合，讲究环境保护。

剑河边的酒店建筑与花园

剑桥小镇中的绿地，开阔的大草坪及大树掩映下的建筑

剑桥大学各个学院的花园在历史上是以种植粮食及经济作物为主的，如药草、水果和蔬菜，比较特别的是14世纪70年代彼得学院种过藏红花（crocus sativus）、17世纪初基督学院种植过桑树。最为著名的果树景观应该就是三一学院大门旁、牛顿房间前那棵"肯特少女"苹果树了，据说牛顿就是被这棵树掉下来的苹果砸中而想出万有引力定律的。当前，剑桥大学的植物学研究处于世界领先地位，因此他们特别重视大学的植物园建设。在20世纪50年代，学校植物园已达约16公顷。2011年投资8000万英镑在植物园内建造一座实验室，可容纳120名科学家研究植物多样性。据了解，剑桥大学七个最高级的学术职位中，两个都涉及广义上的"园艺"或"风景园林"。

剑桥大学各学院内部的花园中种植了上百年的植物

当前，从现代用途来看各学院的花园，大多将草坪用于展示现代雕塑，还可以带来额外的收入。如本科生每年举办五月舞会，还有企业高价承租花园及草坪举办发布会及搭帐篷的活动等。多数学院每年花费10万~25万英镑维护花园，园艺师的人工费用大约占了80%。2005年，圣约翰学院的总园艺师在工作27年之后退休。三一学院、耶稣学院及纽纳姆学院的总园艺师都任职15年以上。

（六）体验设计

大多数游客到小镇来的目的主要是体验剑桥大学的环境及教育氛围，并观看历史建筑的立面、室内及其细部。另外，剑河不仅是小镇漂亮的景观，也带动了小镇的发展，并与剑桥大学完美融合。在过去很长的一段时期里剑河被当地人称作"River Granta"和"River Cam"，指的是同一条河流的上下游区域。前者特指剑桥小镇至格兰切斯特庄园（Grantchester）一段，即河的上游，这段河流曲折，岸边风景自然淳朴；后者为河的下游，河面较为宽阔，水流平缓，岸边大部分是剑桥大学各学院的校舍建筑物，即后园景观（the College Backs）。所以在剑河上撑篙坐船观赏两岸风光是去剑桥小镇必做的一件事。

剑河供游人乘坐的小船

在曲折蜿蜒的剑河上有多座设计精巧、造型美观的桥梁，如王后学院的数学桥（Queens' Mathematical Bridge）和圣约翰学院的叹息桥（the Bridge of Sighs）等最为著名。与中国有关的故事，如1921年徐志摩到剑桥大学写下著名的诗《再别康桥》，这使他成为剑桥大学的名人，也使得中国人熟知了剑桥大学在世界大学中的领先地位，还有校园中美丽的剑河、河畔的柳树和河上的桥。诗开头和结尾的两句有着极为优美的意境："轻轻的我走了，正如我轻轻的来……我挥一挥衣袖，不带走一片云彩。"

剑河上的几座著名的桥，风景美不胜收

　　另外关于在剑河上的运动，最著名的就是牛津剑桥的划艇对抗赛，这是英国乃至全世界都关注的赛事，2004年还举办了150周年的庆典。

　　几百年来，剑桥大学举办的集市在英国也十分有名。1150年开始的大蒜集市是其最古老的集市。最著名的集市是1211年开始的麻风病医院和麻风礼拜堂牧师举办的斯陶桥集市，因被写入各种英文的文学作品而声名远扬。在当代近三十年中，剑桥小镇每年夏天举办"草莓集市"的游乐节。还有剑桥文学节集市、冬日集市等，吸引大量游客来到这座更多元的乡村小镇，也是现代剑桥居民学者对过去历史的回顾。

（七）迭代实验

　　根据英国作家柯瑞思（Nicholas Chrimes）所著的《剑桥：大学与小镇800年》一书的介绍，剑桥大学通过知识经济进行迭代实验，学校吸引了许多高新技术企业，知名教授学者在相关企业担任多种职务或亲自创办企业。为此，剑桥大学创办了剑桥创业有限公司及其子公司剑桥大学科技服务有限公司，帮助师生把创意理念推向市场，在美国股市为剑桥显示技术公司筹资是他们成功的案例。2005年剑桥大学通过参议厅投票表决，剑桥大学的校方正式成为校内学者研究项目的专利权、版权和设计专利的主要拥有者，这也是其不断进行迭代实验的成果。用简单的例子来说，如最初10万英镑的收益属于发明创造人；超过10万英镑的部分，2/3归属于学校。这是双方共赢的学校得到经济收益，学生受益于剑桥创业公司把知识产权转化为商业利益的经验。当前，剑桥大校逐步开始管理知识产权，对知识产权申请程序进行指导，向初创企业提供金融和顾问服务。2003年，剑桥大学的知识产权收入达到180万英镑；通常每年要创办25家新公司。如今，剑桥大学把拥有无形净资产的分拆子公司列入年度会计报表。

剑桥周围凭借学校科研动力发展出实力强劲的商业及高科技园区，小镇的高科技企业达1000家以上，雇员约3万人，年收入超过20亿英镑。如纳米技术、激光加工、光计算及通信、基因研究等方面的高科技企业纷纷落户剑桥小镇，因此剑桥小镇成为与美国硅谷、日本东京近郊的筑波科学城等类似的高水平的世界级科研中心、高科技产业园区。

（八）运营管理

根据前述的《剑桥：大学与小镇800年》一书将剑桥大学和剑桥小镇形容为"鸠占鹊巢"的关系。在过去几百年间，剑桥小镇和剑桥大学在法律保护上的不平等酿成了彼此的对抗情绪。而英国王室多次袒护剑桥大学而损害剑桥小镇居民的利益。如剑桥大学通过控制小镇的商业掌握了巨大的权力，学校会封杀某些不利于学校的小镇商人。在历史上，剑桥大学一直控制着小镇的度量衡、餐饮酒馆营业执照的发放、向小镇地方议会派遣代表，并禁止小镇享受英国其他地区已经普及的多项权利，比如戏剧演出、星期天乘火车出镇等。而且随着剑桥大学的扩张，当地居民被迫搬离原来的小镇中心到远郊居住。如著名的国王学院美景，在15世纪40年代早期还是许多小镇居民生活居住的地方，有着港口、码头、谷仓和住宅。到了1449年，剑桥大学赶走了这里的居民，拆掉了圣约翰·扎克瑞教堂，在这里扩建国王学院。而在法律规定上，从1314年开始剑桥大学有权超越世俗的法律程序逮捕当地人，即对剑桥小镇和大学都有管辖权，而小镇的警察却无权管辖剑桥大学的校方人员。因此，几百年来小镇和大学之间经常产生暴力冲突，如在1260和1381年的暴乱中死伤了很多的学生和小镇居民。

当前进入了21世纪，剑桥大学也和剑桥小镇加强相互的合作，努力促进与当地社区的融合。大学提供大量的就业机会，和当地居民共享大多数世界一流的文化财富。如剑桥大学礼拜堂邀请游客参加礼拜，各学院参加国家花园计划并敞开庭院给当地居民及游客举行趣味赛跑，菲茨威廉博物馆提供多种免费讲座，美丁利堂开设多种引人入胜的课程，欢迎小镇居民及游客参加。剑桥大学还奖励本小镇的优秀人物，如2009年向熟知本地历史的街道清洁工颁发了荣誉硕士学位。总之，剑桥小镇被称为"乡村小镇中有大学"，其实就是以剑桥大学为共同运营管理的机构。

（九）转型与坚持

800年前，剑桥小镇吸引剑桥大学来办学，最后剑桥大学成为世界级名校。小镇与大学共同成长，有失也有得，它的转型无疑是成功的，既获得了荣誉，又得到了经济上的收益。当前，大学与小镇双方已经化矛盾为合作。从长远来看，剑桥小镇和大学应该坚持把大学办得更成功，把配合服务搞得更完善，吸引全世界的学生、游客和高科技企业来到剑桥。

另外，牛津大学和剑桥大学的相互竞争也让两者达到了卓越的品质，让英国整个国家获益良多。从2004年开始，牛津、剑桥一直与哈佛、耶鲁等名校并驾齐驱，保持在全球前四名的位置上（参见两大全球大学排名机构THE和QS的榜单）。剑桥大学对英国的文化、教育及经济的贡献是巨大的，从英国的国家战略来说也是非常成功的投资。

2009年剑桥大学800年校庆的时候，学校的宣传册很少谈及过去和历史，而是浓墨重彩地描述21世纪师生的努力前行。面对未来，剑桥大学坚持向前看，他们的口号是"剑桥大学，改变明天！"（Cambridge University, Transforming Tomorrow!）

普罗旺斯乡村小镇的历史建筑群

二、法国：普罗旺斯乡村小镇

——由薰衣草花田和历史建筑带动的旅游产业

TOWNS IN PROVENCE, FRANCE

关键词：农业产业体验　文化体验　薰衣草　历史建筑　艺术
凡·高　塞尚　彼得·维尔

价值点综述：

　　笔者于2011年2月去法国普罗旺斯乡村小镇进行考察。小镇的爆点在于一大片漫山遍野的薰衣草花田、乡村的历史建筑以及如凡·高、塞尚这些著名的艺术家在普罗旺斯生活的故事。小镇的体验设计在于让游客感受到普罗旺斯的乡村田园风貌和文化内涵。小镇对中国乡村的借鉴价值是：一种植物经过几十年的种植形成大面积的区域，由农业产业变成旅游的爆点。

（一）了解需求

普罗旺斯乡村小镇位于法国的南部，地形有开阔的平原和险峻的山峰峡谷。属地中海气候，阴晴多变，夏季干燥，冬季温和，每年日照达到300天以上。山区气候特点是冬季漫长，多雪；夏天炎热，多雷雨；山谷坡面间差异明显，并存在各种小气候。夏季7~9月间白天气温一般都在30摄氏度以上，冬季12月至翌年2月间气温通常在10~15摄氏度左右。尽管其南、北区域气候有所差异，但总体上来说常年适合旅游，尤其是春、夏、秋三季为旺季。小镇冬季盛行的地中海米斯特拉尔风（Mediterranean Mistral wind）特别有名，有时风速可以达到每小时100公里以上，局部会下雪。普罗旺斯乡村小镇是法国著名的旅游景区，世界各地的游客主要是冲着夏日盛开的薰衣草花海、坐落于山谷之中的历史建筑群以及独具风味的法式美食而来的。

（二）明确定位

正如法国小说家茜多妮·柯莱特（Sidonie-Gabrielle Colette）所说的那样，普罗旺斯的美景是风格多变而且具有深厚的历史文化底蕴的。小镇不仅是通往法国南部的交通要道，还是地中海区域的关键节点，更以坐落在罗讷河谷脚下的地理优势成为南北欧洲的文化及贸易联结点。剧作家兼电影导演马瑟·巴纽（Marcel Pagnol）在他的小说中把普罗旺斯乡村小镇形容成一个被薰衣草、葡萄酒、茴香酒、咖啡馆、游园会、小集市和村民围绕着的田园牧歌式的美丽世界。总之，农业产业带来小镇旅游业的定位。

（三）聚焦爆点

第一，震撼的薰衣草花海形成普罗旺斯独具特色的田园风光美景；第二，小镇的历史建筑，几百年的老房子所产生的乡村风情也是重要的爆点；第三，艺术家文森特·凡·高、保罗·塞尚等人的传奇故事和绘画作品，以及作家彼得·梅尔的《普罗旺斯的一年》一书全球热销，导致游客纷至沓来，都想一睹普罗旺斯的秘境美景。还有互联网社交媒体推波助澜的病毒式传播，如各种帅哥、美女在普罗旺斯的自拍照及视频爆红于网络，又如无人机鸟瞰拍摄的照片及视频，完美地呈现出震撼的紫色薰衣草花田及乡村的效果。上述这些因素融合在一起共同形成普罗旺斯的爆点，撩拨起旅游者意欲探秘的兴趣。

（四）设置功能

根据英国作家迈克尔·雅各布斯所著的《普罗旺斯最美乡村》一书所述，该乡村小镇分成三个功能区域：

1. 上普罗旺斯阿尔卑斯区（Alpes-De-Haute-Provence）

上普罗旺斯阿尔卑斯区是法国南部最广阔、最令人沉醉的地方，有着与普罗旺斯其他小镇截然不同的景色。该区最西面是荒凉的卢尔山（Mountain Nur）和旺度山（Mountain Ventoux），该区东部有昂特勒沃（Antlervo）和科尔马尔（Colmar）这两座乡村小镇，是法国保存最好的村落之一。这里有广阔的瓦萨伦索平原，3月平原上开满了白色的杏花，到了7月就变成薰衣草的紫色海洋。

2. 瓦尔区及阿尔卑斯滨海区（Var & Alpes Maritimes）

瓦尔区是法国植被最好的区域之一，一条遍植葡萄树的山谷将瓦尔区分成南北两块，远离山谷的区域树木茂盛，橡树、松树和栓皮栎高大粗壮。相邻的阿尔卑斯滨海区逐渐兴起，变成整个欧洲的大花园。该区是尼斯伯爵在1860年建造，向西延展到瓦尔河（Var River）和埃斯特雷尔（Estrel）之间，以其温和的气候及海岸边茂盛的植被而著名。该区的东部乡村沿袭了强烈的意大利风格：如意大利面极为流行，意大利方言不绝于耳，就连教堂也大多是意大利巴洛克风格或伦巴第的罗马风格。

3. 沃克吕兹区和罗讷河口区（Vaucluse & Bouches-Du-Rhone）

沃克吕兹区几乎完全包括了阿维尼翁小镇（Avignon）和罗讷河以东的区域。如今，它发展成为拥有最华丽建筑风格的著名旅游乡村之一。虽然拥有法国第二大罗讷河谷葡萄园区，但是沃克吕兹区大部分位于高山之中，其中最著名的当属一年四季白雪皑皑的旺度山——位于阿尔卑斯山脉与比利牛斯山脉之间的法国最高山峰。约一半地区为偏远的南部吕贝隆山区，可以说一直与世隔绝保持自然生长的状态。

罗讷河口区不仅是普罗旺斯悠久历史的缩影，还被很多人称为"灵魂中心"。因为在罗马帝国统治期间，曾在这里留下了大量精美的罗马风格建筑物。据说，历史上许多诗人、艺术家喜欢在这里隐居休养。

乡村小镇的历史建筑形成村落感觉　　　历史建筑与绿化的结合

（五）营造空间

无论人们如何界定普罗旺斯，大部分人都认为马赛和尼斯这样的大城市不能真正代表普罗旺斯。他们更倾向于将田园乡村小镇看作是普罗旺斯精神的化身，这种意识是从米斯特拉尔（Frédéric Mistral，普罗旺斯民族主义者的代表诗人，1830~1914年）就开始的。

小镇的建筑风格极具历史文化价值，很有特色。上普罗旺斯阿尔卑斯区的山地上多出产花岗岩和板岩，而阿尔卑斯滨海区则带有华美又富戏剧气质的意大利风格，东西向的巴洛克教堂给人一种欢快的感觉，四周还环绕着颜色鲜艳的多层房屋。典型的"普罗旺斯式村庄"的风格主要分布在瓦尔区和沃克吕兹区，其主要特征是在山顶选址，拥有黄褐色的砖瓦屋顶、橄榄绿色的百叶窗以及爬满常春藤的粗制石墙。而更特别的是这些村庄都有着灯光昏暗的教堂，教堂的钟楼顶部还装饰着富有趣味的铁艺小品。村庄里还保留着17~18世纪的喷泉、浓荫蔽日的广场及鹅卵石铺就的小巷。总之，想感受普罗旺斯真正的魅力，就需要到普罗旺斯的乡村小镇里走一走，看一看。

小镇富有历史感的建筑立面

历史建筑的立面细部

乡村小镇不同尺度和风情的巷道空间，建筑上的植物摆花、灯饰及店招

干净的乡村街道尺度、石墙面及绿树点缀

乡村小镇的历史建筑立面爬满了植物，环境很优美

普罗旺斯乡村小镇出入口的大型喷泉，作为对景

乡村小镇的街巷小径空间十分局促，石板台阶及灯具等细部独具特色

普罗旺斯乡村小镇中心广场的夜景

（六）体验设计

1. 爆品项目——薰衣草体验

花语为"等待爱情"的薰衣草一直是普罗旺斯乡村小镇最重要的植物品种和产业内容。这种来自古波斯地区的植物以其优雅的淡香而出名，其淡紫色小花当前已成了普罗旺斯乡村小镇的重要标志。薰衣草适宜栽培在北温带荒漠区域和温带草原区域，年降水量500～1000毫米，喜光、耐干旱、不喜潮湿，非常适合在普罗旺斯乡村小镇种植，精油含油率和品质均为世界顶级水平。薰衣草那极具特色的蓝紫色和淡雅的幽香点缀着普罗旺斯的田野、道路及庭院。小镇的空气中总是充满了薰衣草、百里香、松树等的香气，这种独特的自然香气是在其他地方不容易体验到的。

（1）治疗功效。当地民众对薰衣草十分钟爱，不仅可以看到遍地薰衣草紫色花海的画面，而且在家也常挂着各式各样薰衣草香包、香袋，商店也摆满由薰衣草制成的各种制品，像薰衣草精油、香水、香皂、蜡烛等，在药房与集市中贩卖着分袋包装好的薰衣草花茶。

全球个人护理产品及家居产品的国际零售企业欧舒丹是根植于普罗旺斯乡村小镇的薰衣草产业，创办人奥利维埃·博桑（Olivier Baussan）希望建立一家弘扬其家乡普罗旺斯文化传统的公司。欧舒丹希望"成为提倡地中海生活方式的国际典范"，以"舒适愉悦、真实纯净及关怀尊重"等作为企业的理念。

（2）一年四季的景观。普罗旺斯的薰衣草花田一年四季有着截然不同的景观。春天一到，绿叶冒出。6月随着夏天的天气越来越热，薰衣草的花朵也很快转变成迷人的深紫色。紧接着是忙碌的收割工作，花农们夜以继日地收割花朵，并蒸馏萃取液。7~8月薰衣草成为游客的最爱，散发出法国南部令人难忘的气息。9月底，所有的花田都已收割完成。冬天在收割之后，只剩下短而整齐的枯茎，覆盖着白雪。花田休养生息，为明年夏天再次盛开紫花而做准备。

（3）著名的薰衣草花田景点。吕贝隆山区赛南克修道院（Sault, Luberon）的花田是普罗旺斯乡村小镇最著名的薰衣草景点，是《普罗旺斯的一年》一书的故事背景，号称"全法国最美丽的山谷"之一。修道院的前方有一大片的薰衣草花田，是由院里的修道士栽种的，有不同颜色的薰衣草。一大片茂

从乡村小镇的山坡观景平台俯瞰，该区域种植着大面积的葡萄树，形成特色的葡萄酒庄园

从山坡上俯瞰，下方一大片薰衣草花海　　吕贝隆山区赛南克修道院的薰衣草花田

盛的薰衣草花田让人满眼都是美丽的紫色。收割好的干草垛卷成橡木酒桶样子，三五个晾晒在田野上。黄色与紫色形成鲜明的对比，空气中充满薰衣草的香味。乡村小镇周围处处能看到大片的薰衣草花田以及向日葵、葡萄树、橄榄树和梧桐树。游客可以开着小车停在薰衣草花田里，拍摄浪漫的照片。

2. 美食体验

（1）**松露**。普罗旺斯乡村是全球最重要的黑松露产地，产量占法国的80%。游客可以参观普罗旺斯的松露市场，松露采摘者会将松露放在藤篮内，排成一排摆放在路边的矮凳上，中介商和有兴趣买的人可以看货闻香，讨价还价，决定是否购买。

（2）**葡萄酒**。普罗旺斯乡村小镇生产品质优良的葡萄酒，其中20%为高级和顶级酒种。由于地中海阳光充足，普罗旺斯的葡萄含有较多的糖分。这些糖转变为酒精，使普罗旺斯葡萄酒的酒精度比北方的酒高出2度。略带橙黄色的干桃红酒是乡村小镇最具特色的红酒。

（3）**茴香酒**。如果把普罗旺斯和一种植物联系起来，全世界游客都会选薰衣草，但当地人大多会选茴香。很久以前，普罗旺斯盛产苦艾酒，它让人产生幻觉并上瘾。因为酒精含量过高经常有饮酒者失明或发狂。据说凡·高曾因为喝这种酒而割掉了自己的耳朵。大约在1915年，当苦艾酒被禁止饮用，有个隐士用八角茴香酿出了"茴香酒"，这种酒在一场瘟疫中救了普罗旺斯人。由此，"茴香酒"逐渐成为"苦艾酒"的替代品。它是具有"茴香"和"苦艾"香味的酒精饮品。饮用该酒的方法是向酒中加入冰水和方糖搅拌均匀后饮用。至今，茴香酒作为法国最受欢迎的开胃酒之一经常使用在味道鲜美的鱼、贝壳类、猪肉和鸡肉的菜肴中。此外，添加色素和焦糖可以加强其口感，但该饮品的主要特性仍然是茴香的口感。

（4）**橄榄油、大蒜与西红柿**。许多人常用这三种食物代表普罗旺斯的烹调特色。走在乡村小镇，满眼都是绿油油的橄榄树，可以说普罗旺斯是法国橄榄油生产的重镇，不仅造就了别致的自然景观，也为居民提供了营养所需的油脂。橄榄也顺理成章地走入每个家庭的厨房，橄榄酱便是最佳范例。另外，普罗旺斯大蒜美乃滋、普罗旺斯马赛鱼汤、普罗旺斯大蒜辣椒酱及普罗旺斯大蒜西红柿面等都是乡村小镇的特色美食。

3. 艺术体验

南普罗旺斯的古老村庄阿尔勒（Arles），以热烈明亮的地中海阳光和时尚的艺术风格闻名。当前在这里的街道、房屋、酒吧、石头古巷及小广场上，展览着世界上最流行的艺术作品。

普罗旺斯乡村小镇有"现代艺术的摇篮"之称，其中一个先驱者就是凡·高，例如他著名的一幅乡村画作是描绘普罗旺斯灌溉场景的一座现代吊桥。与凡·高同时代的另一位著名画家塞尚则是普罗旺斯土生土长的艺术家之一，他用画笔记录了普罗旺斯乡村小镇的安详静谧和古典美。塞尚在活着的时候并不受推崇，但他的作品启发了当今世界上许许多多的艺术家。第一次世界大战后，欧洲与美洲各地的艺术家相继来到普罗旺斯，他们试图用立体而简化的线条及颜色明亮的颜料来描绘这里的村落和景致。当时曾有一位批评家说："从马赛到文蒂米莉亚，从海边到内陆，在甚至都称不上是乡村的某一个角落，总会有梦想着成为塞尚的人支开画架。"与普罗旺斯乡村小镇有关的艺术家还有毕加索、帕尼奥尔、雷诺阿和菲茨杰拉德等人。

一开始一些艺术社团只是在法国中部及北部的村庄中发展，后来逐渐延伸到普罗旺斯乡村小镇。随着越来越多的游客游览蓝色海岸沿岸及腹地区域，艺术家们则开始向较远的内陆迁徙，尤其是向沃克吕兹区吕四贝隆山的山村一带发展。近年来，游客和外来定居者追随艺术家的脚步，逐渐将他们的目光投向普罗旺斯乡村的内陆区域。人们普遍认为那里的乡村生活是能启迪灵感的，透露出一种简单随意的品位。普罗旺斯的新定居者复活了这里最美丽的乡村，他们所勾画的经典画面，其传奇色彩一点儿也不比米斯特拉尔和马瑟·巴纽描绘出来的逊色。总之，普罗旺斯乡村小镇的多面性与颇具特色的乡村文化逐渐展示在世人面前。

乡村中心广场，餐厅外摆区域坐满了休息和就餐的游客，也是比较好的服务设施，能带来很好的经济收益

充满艺术气息的乡村集市

鲜花市场

艺术家在用鲜花制作工艺品

乡村街巷场景，游人如织

乡村的教堂建筑立面及室内场景

（七）运营管理

（1）乡村小镇管理机构。制定宏观战略及政策、对外交往宣传和对内

治理的原则，如举办乡村小镇一年不同时节的节庆活动。从年初2月的蒙顿柠檬节到7～8月的亚维农艺术节、欧洪吉的歌剧节到8月普罗旺斯山区的薰衣草节。另外，对乡村小镇的基础设施及交通后勤进行运营管理。如1955年普罗旺斯管理机构成立了该地区的民宿管理委员会：第一，避免建设大量的旅馆，又能满足与日俱增的旅游市场需求；第二，通过将旅游服务业引入乡村小镇，丰富农民的产业类型，增加农民收入从而使他们留在原有土地上，继续从事农业生产，避免农业土地的荒废。

（2）乡村小镇的行业协会。制定规则、规范标准，组织人员培训。如加入行业协会的民宿，主人必须是住户，接待的房间不可超过5间，一次接待人数最多15人。民宿主人应该是当地居民，对当地生活了如指掌，可以为游客提供最真实的信息，比如哪家餐馆经济实惠，哪里的商店有特色等。民宿的收费要包含早餐。在法国，绝大多数酒店的早餐都另行收费，但乡村小镇的民宿协会规定不能让游客一大早在陌生的乡村里找早餐，要将游客视为自己的朋友而为他们免费提供早餐。让游客进入一个家庭感受别人对生活的理解和追求，通过家庭日常状态来分享他们对生活的热爱。

（八）转型与坚持

普罗旺斯乡村小镇坚持薰衣草主题，搭配其他花草植物等农业产业不断深化转型发展。还要坚持乡村及历史建筑的风貌，发展酒店、民宿、餐饮、活动等旅游业。依据地域的特色和优势向其他产业适当转型，也会有更广泛的发展前景。另外，要坚持挖掘艺术和文化等软实力的内容，并在互联网口碑营销上选择更有创意的宣传方式进行转型，目标是不断强化乡村小镇的爆点和特色，吸引世界各地的游客前来旅游带来经济收益。总之，乡村小镇对中国的乡村带来的借鉴价值是：一种植物经过几十年的种植形成大面积的区域，由农业产业变成旅游的爆点。这值得中国的乡村沉下心来挖掘自身的特色，找到那个深藏在自身内部的爆点。还有乡村不能丢掉农业生产去搞酒店、餐饮及商业街等开发建设，破坏了乡村的自然环境，是不可持续，也不能成功的。

注：216~226页图片均由陈毓本拍摄。

EKKA 嘉年华 "认识动物" 的场馆里面有几百只农场动物, 如羊、猪等

三、澳大利亚：布里斯班EKKA嘉年华

EKKA, BRISBANE, QUEENSLAND, AUSTRALIA

——现代农业节庆活动

关键词：产业体验　现代农业　EKKA
　　　　嘉年华　节庆庆典　澳大利亚

价值点综述：

　　笔者于2017年8月在澳大利亚昆士兰州布
里斯班参观了一年一度的EKKA嘉年华活动。
其爆点是以农业展览为核心，结合民众吃喝玩
乐的一系列活动。其体验设计是通过乡村大冒
险、认识及抚摸动物以及"EKKA之夜"这样
的精彩表演和焰火晚会来逐步把嘉年华的气氛
推向高潮的。它对中国乡村的借鉴作用在于通
过嘉年华等节庆活动让城市民众了解乡村和农
业，提升中国农产品的质量，并打造中国民众
对农产品的信心和感情。

（一）了解需求

皇家昆士兰EKKA农业嘉年华节庆活动（THE ROYAL QUEENSLAND SHOW，以下简称"EKKA"）自从1876年开始就已经将"乡村的传统与创新——把乡村带给城市"作为活动的宗旨，来庆祝农业——这个在澳大利亚人民日常生活中至关重要的行业。这个具有标志性的农业嘉年华活动是澳大利亚昆士兰州许多家庭的传统活动，也是许多人的童年回忆，对游客来说是一个不应该错过的体验。当代EKKA在每年八月份举办共10天，2016年是EKKA举办140周年的庆典，超过50万人来到布里斯班庆祝这个节日。

（二）明确定位

"EKKA嘉年华"是澳大利亚昆士兰州一年之中最大的活动，目的是要展示最好的昆士兰州。昆士兰州一年有200多天阳光明媚，非常宜居，其管理者希望通过EKKA把大量的游客带到首府布里斯班。

（三）聚焦爆点

当代EKKA的爆点是一个以农业展览为核心，结合民众吃喝玩乐的嘉年华活动。EKKA有着各种游乐设施和精彩的文娱体验，展现出五光十色的一面。小朋友最喜欢看各种各样的农场动物，这样的自然教育和农业教育很吸引他们。游客还可以通过游戏获取各种特色大礼包，300多个礼包能够满足不同年龄、不同喜好的游客需求。另外，现场有美酒美食，还有欢快的现场音乐，每一年众多澳大利亚知名音乐人都会齐聚EKKA，为游客献上流行、乡村及摇滚等音乐盛宴。在EKKA之夜（EKKANITES）的晚会现场，夜间幻彩灯光秀与焰火表演使之成为一个五光十色的世界，而嘉年华的氛围也在此被推向高潮。EKKA最激动人心之处莫过于各种惊险的赛车表演，即一辆辆飞驰的赛车伴随着灯光和烟火从你耳边呼啸而过的震撼体验。

（四）设置功能

当前EKKA的场地在离布里斯班市中心1.5公里的小镇展览馆，它有着丰富的活动设施，交通也十分便捷，永久建筑物内部的展厅可以搭建临时性构筑物来共同布置展览，能吸引大量的观众来参与活动。建筑的功能是以展览的主题来设计的。展览建筑的室内空间被分割出一块块区域给不同的企业根据内容进行布置。服务设施的功能是以提供吃喝玩乐、休闲娱乐为主的，如餐饮、厕所等服务空间。交通功能是提供火车等便捷的交通方式，接送游客从城市的不同区域前来参观活动。

（五）营造空间

在EKKA的活动之中，整个展览中心有一个大型的操场用作"EKKA之夜"的表演，游客可以坐在操场周围的木质看台上观看比赛和表演。户外空间还有一些临时搭建的音乐舞台供歌手上台表演。

租用大型的游乐设施让它们成为非常醒目的地标物，并在电视及网络上广泛传播，吸引更多的家庭带着小朋友一起来参观游玩。如水上滑滑梯、特色鬼屋、高空旋转器械等。还有一些小型的儿童活动器械，如旋转木马、趣味投篮、踢足球、砸铁锤、打弹弓等小朋友的游戏。游戏场里的工作人员并没有统一的专用戏服，可以看出来这只是整个EKKA嘉年华大活动中的陪衬项目，目的是为了吸引和照顾儿童。但就算是这么简单的活动，还是引爆了布里斯班全城儿童的热情，而且带来了陪伴儿童的父母，又无形中增加了EKKA的人流和消费。可以说作为专业的儿童活动设施来看，这略显简单，但是作为一种陪衬和引流的手段，这是非常成功的，这一点也值得中国的乡村搞大型活动时借鉴和参考。

小朋友最爱玩的游乐场

（六）体验设计

1. 乡村大冒险

EKKA将纯正的澳大利亚乡村情怀融入，各种有关农业园艺的比赛活动都在节庆期间精彩呈现。嘉年华活动中还有伐木大赛、滚稻草大赛以及挥鞭表演。这些由澳大利亚基本的农事活动所演化而来的体验内容给游客带来震撼的现场感受。尤其是挥鞭表演，它成为小朋友们最爱的项目之一。

游客可以接近数百种动物，进一步了解昆士兰州的农业及畜牧业，观看传统技能的展示，并参与互动体验。如驯马专家会亲自讲解马、牛和工作犬的饲养及训练技巧。农场的专业人士会展示传统的手工剪羊毛的方法以及新式的使用电动剪刀的技术。当然，小朋友们还可以参加挤牛奶的活动，并了解从牛奶中分离和制作奶油、黄油的技术。当然，主办方还会邀请小朋友亲手给小牛喂牛奶。

EKKA上的农场蔬菜及瓜果展示　　　　小朋友抚摸马匹

工作人员在挤牛奶　　大母猪在喂一群小猪　　体型很巨大的牛

牛群中的人腿（牛仔裤里面装着泡沫，展示一种乐观的　　农场工作人员表演剪羊毛
农场幽默）

2. 呆萌动物幼儿园

　　每年在EKKA会展览上百只农场动物。游客会喂食、拍打、抚摸这些小动物，包括小牛、小羊羔、小鸭子和小鸡等。EKKA最吸引小朋友的地方是"动物幼儿园"，它为孩子们提供了一个让他们与那些可爱的农场动物进行互动的机会。抚摸小鸡，看着毛茸茸的小鸡从鸡蛋里孵化出来，开始它们生命的第一个时刻，游客们可以把它们放在手心之中抚摸，这是每个小朋友都会向小伙伴炫耀的经历。还有如轻拍小猪，在宠物猪馆里可以找到小巧可爱的小猪。拥抱小羊羔和剪羊毛，每年的EKKA嘉年华活动期间都会有小羊羔出生。小朋友们可以亲眼看到刚出生的小羊羔是如何行走及喝奶的，如此独特的生命发现之旅绝对是难得的体验。

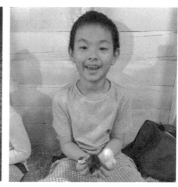

刚孵出来的小鸭子　　　　　　　　　　　　　　小朋友手捧着刚孵出来的小鸡

3. 美食体验

在EKKA，游客可以尽情享受昆士兰州最新鲜的食材所烹饪的美食。游客们坐在美食区的木质大桌子旁，享受厨师们做的招牌菜，分享厨房秘密。特色美食有淋了巧克力酱的草莓、搭配果酱与奶油的司康饼。另外，游客可以在EKKA与昆士兰州当地的农民交流他们养殖牛羊的故事，了解所吃的牛排与羊排是怎样从养殖场到超市，最后再到餐桌上的。

（七）迭代实验

EKKA对澳大利亚昆士兰州的农业、畜牧业等相关产业的影响及带动作用很大。延续140年的EKKA是一次次的迭代实验，留下了游客喜欢的活动内容，剔除不受欢迎的内容，明确受众对象以家庭为主，促进了昆士兰州农业及相关产业的发展，扩大了农业的影响力。EKKA也提供现场销售，如牛肉、羊肉、鸡肉等，而且展览现场的动物基本都可以花钱买回家，如牛、羊、马等。当然，现场销售给散客毕竟是少数情况，更多的作用是宣传各个农业公司的品牌影响力，得到市场的认可。总之，EKKA以寓教于乐的形式让大众了解农业、畜牧业等第一产业，了解日常食物（如牛奶、鸡蛋、鸡肉等）以及不同的家禽与家畜。

（八）运营管理

昆士兰州皇家国家农业和工业联盟（The Royal National Association，以下简称"RNA"）是由21个会员组成的组织。该组织下设一个7人的执行团队（包括RNA的主席）共同负责联盟的运行，并安排每年EKKA的活动。

（九）转型与坚持

从澳大利亚昆士兰州EKKA可以看出来，农业和畜牧业等相关行业在澳大利亚是高尚的、被人尊重的职业，而且这里的农民有很多特长，术业有专攻，能种出全昆士兰州最大的南瓜，养出世界一流的牛，生产出世界顶级的牛肉和牛奶。然后，通过一年一度EKKA的节日活动，把农业精神发扬光大，并让这里的成年人和儿童从意识形态中就对农业有感情。140多年的EKKA延续下来，让澳大利亚人坚信他们自己的粮食、牛肉、猪肉、羊肉、鸡肉等都是世界第一流的品质，也热爱、尊重和保护农田和动物。

而反思中国的第一产业发展，乡村和城市的差距极大，普通民众认为乡村的环境脏乱差，对农业产业重视度不够。另一方面，中国的民众对本国农产品的质量缺乏信心。总之，农业、畜牧业等第一产业肯定是中国具有战略意义的产业，事关14亿人民的粮食安全问题。在中国急需复兴与传承千百年来的农耕文化传统。中国需要城乡共同努力，把中国农产品的质量提升到世界一流的水平。农业嘉年华活动很值得中国的乡村借鉴和学习，期望中国的乡村能涌现出有自己特色的农业嘉年华节庆活动。

1号公路旁边就是太平洋，夕阳西下的美景

四、美国：硅谷及1号公路沿线的小镇集群

——高科技产业与休闲旅游产业的汇聚

SMALL TOWNS ALONG HIGHWAY ONE AND IN SILICON VALLEY, CALIFORNIA, USA

关键词：产业体验　IT产业　硅谷　蒙特雷　圆石滩　17英里
卡梅尔　大舒尔

价值点综述：

笔者于2014年7月去硅谷及1号公路沿线的小镇集群进行自驾考察。小镇集群的爆点在于硅谷的高科技企业及高校，还有海边的自然风景及特色小镇的花园景观，设计出不同的旅游体验。对中国的乡村带来的借鉴价值在于如何将高科技企业及人才吸引到乡村以及更好地为子孙后代保护自然生态环境。

（一）了解需求

硅谷位于美国加利福尼亚州北部的旧金山湾区以南的圣塔克拉拉县（Santa Clara），包括从帕罗奥多小镇（Palo Alto）到硅谷首府圣何塞市（San Jose）一段长约40公里的谷地。一般还包含旧金山湾区西南圣马特奥县（San Mateo County）的部分乡村小镇，如门洛帕克（Menlo Park），以及旧金山湾区东部阿拉米达县（Alameda County）的部分小镇，如费利蒙（Felimont）。硅谷拥有美国顶尖的大学作为依托，如斯坦福大学和加州大学伯克利分校等，还以如苹果、谷歌等高新技术公司为产业基础，是融科学、技术、设计与生产为一体的产业小镇集群。

加州的1号公路是一条著名的景观公路，沿着太平洋全长超过1000公里。它北起旧金山红树林国家森林公园南段的莱格特（Leggett），南至洛杉矶的达纳点（Dana Point）。它有着得天独厚的地理环境，一侧是碧波万顷的太平洋，另一侧是陡峭高耸的悬崖山脉或一望无边的大草地。由于这条路不是主干道，车流少，因此可以在沿途景色优美的地段停车欣赏风景。《国家地理杂志》把它列入"一生必去的50个地方"，并称赞它是全球海陆交接最美丽的旅游目的地之一。

因此，将上述两个区域结合在一起总结游客的需求如下：就业者、创业者到硅谷来工作，创造新的科技产品。学生到硅谷附近的高校学习，希望得到世界一流的教育，实现人生价值。旅游者来硅谷参观并沿1号公路自驾或组团旅游，感受高校、高科技产业园区的蓬勃生机以及大海与乡村小镇的自然美景。

（二）明确定位

硅谷以高科技、科研创新为主，通过世界第一流的大学与高科技企业相结合，产学研一体化，创造出世界级的生产力。而1号公路沿途小镇是以旅游观光的定位为主，通过1号公路把它们串联起来，一条旅游线路让这些乡村小镇展示出不同的特色。硅谷和1号公路沿途的小镇共同形成小镇集群，吸引全世界更多民众来参观、学习及旅游。

（三）聚焦爆点

硅谷以斯坦福大学和加州大学伯克利分校为教育产业的爆点，以库比蒂诺小镇（Cupertino）的苹果公司总部、山景城小镇（Mountain View）的谷歌公司总部为IT产业的爆点。而1号公路以观赏大海、高山等鬼斧神工的自然风光及桥梁等人造景观，结合蒙特雷（Monterey）、卡梅尔（Carmel）、大舒尔（Big Sur）等特色乡村旅游小镇以及圆石滩高尔夫球场（Pebble Beach Golf Links）、17英里（17-mile Drive）顶级富豪居住区为爆点。可以说，硅谷和1号公路沿途的小镇集群共同形成一系列的体验爆点。

（四）设置功能

硅谷高科技园区的产业功能与高校的教育功能，两者结合成为产学研一体化的发展功能。而1号公路沿线的旅游休息服务功能、以蒙特雷、卡梅尔、大舒尔为代表的小镇集群的游览功能、以圆石滩高尔夫球场为代表的运动功能及17英里的豪宅居住功能，四者互相融合给游客带来独一无二的体验。总之，硅谷乡村小镇是以高科技产业的工作及相关人士的居住生活为主的功能，而1号公路沿途小镇是以休闲旅游及居住生活为主的功能，两者形成集群并相互融合，发挥整体性优势。

（五）营造空间

该区域的整体规划理念是根据山海的自然格局，点缀乡村小镇于优美的环境之中，突出人与自然的和谐。以硅谷的校园及高科技园区来讨论营造空间的方法。

点：以斯坦福大学、加州大学伯克利分校的校园与苹果、谷歌总部等高科技产业园为参观点，以蒙特雷、卡梅尔及大舒尔等乡村小镇为旅游景点，共同形成游客印象深刻的爆点。

线：通过1号公路作为线索，一侧观赏大海，另一侧观赏山体和乡村，把这些世界级的美景串联起来。

面：大海、高山、森林、草坡、城市及乡村小镇，都是面状空间，给游客带来统一而有变化的印象。

1. 斯坦福大学校园

大学本部校园位于帕罗奥多小镇（Palo Alto），校园面积约3300公顷（8180英亩）。整体空间舒朗大气、简洁明了。建筑形式为红色屋顶结合黄色石墙，用拱廊相互连接，建筑的立面被绿化所掩映，还有很多雕塑体现出大学文化和艺术的氛围。主入口舒朗的大草坪及背景建筑物成为斯坦福大学的拍照点，成行成列的加纳利海枣树融合了古典与现代的感觉。学校中心广场（Main Quad）是校园连接周边的核心区，在广场四周分布着商学院、工学院、教育学院、法学院及医学院等。周边有学校的科学园区、植物园、高尔夫球场及一些科研实验室。从细部和材料上来看，校园的休息空间很多，花坛边缘也可以坐憩，花架及爬藤植物丰富，整体气氛安静高雅。铺装、花坛

各学院的门头大多以拱廊连接周边建筑，前景为著名人物的雕塑

主入口的大草坪和远处行列式的加纳利海枣树阵

学院派建筑立面，红瓦的屋顶和黄色的墙体

建筑立面绘制彩绘图案

及景墙基本都用砖及混凝土，极少使用天然石材。标志设计导向明晰，重点突出。停车场的空间规划及交通组织良好。

2. 苹果总部园区，库比蒂诺小镇

在旧金山湾区，库比蒂诺乡村小镇作为硅谷的创新中心，人口规模约6万人，以苹果公司的总部而闻名全球。它是一个受教育程度高、文化多元的小镇。在25岁及以上的居民中，超过60%的人拥有学士或更高学位，超过40%的人出生在美国以外的地方。教育、创新和合作是小镇管理者、社区和企业培育的特色。小镇行政中心和图书馆在一起，拥有先进的服务设施，并让民众广泛参与小镇的发展规划及公众活动。

2017年苹果新总部园区建成，占地面积72万平方米，总造价高达50亿美元（约合330亿人民币）。史蒂夫·乔布斯（Steve Jobs，1955—2011）的理想是"用一幢大楼容纳12000名员工同时工作，它将是一个圆形，像一艘飞船降落在那里"。其主楼被称为"圆环"（The Ring），隐喻苹果手机的"home"键。因为加州是地震活跃地区，建筑也只有4层高。而且，整座大楼都建在隔震系统之上，地震来时"圆环"向任何方向移动不超过1.3米都不会受到物理损伤，楼内的管道、缆线及各种常用连接也受到了相应的保护，以确保遭遇地震时仍能够正常工作。除主楼之外，园区还有一座单独的研发大楼、9000多平方米的健身中心（同时提供医疗服务）、可停放12000辆汽车的地下及地上停车场、游客接待中心以及圆形的乔布斯礼堂——2017年9月12号的苹果新品大型发布会就在这里举行。美国《连线》杂志记者丹·维特尔斯谈到对建筑的内部体验是："如果从内部眺望，当视线穿过窗户停留在院子的小山坡上……这让人感到平静……当你从另一个角度来看这座巨型办公楼，它那宏大的气势会消逝成一种温和的宁静。"

在建筑之外，整个园区种植了约9000棵各类树木。乔布斯喜欢斯坦福大学的校园感觉，为此他从斯坦福请来了树木专家戴夫·马伏里负责园区的植被营造，并且他坚持要选用本地的植物品种。戴夫最终选了309个本地品种，有橡树、杏树、苹果树、桃树、李子树、樱桃树及柿子树等。他还在园区中划出 6 公顷为草地，种植一些耐旱的草坪品种（因为加州近年有着不断干旱的趋势）。种树不仅为了美学，也提高了生产力。蒂姆·库克说："你能想象在国家公园里上班是什么感受？……当我真正思考一些问题时，我愿意接近自然。而现在我们做到了，这里和硅谷其他公司都不一样。"

（六）体验设计

以1号公路沿线的乡村小镇集群来讨论设计体验。

1. 蒙特雷小镇

蒙特雷小镇是位于加州中部海岸蒙特雷湾南端的一座乡村小镇。它建于1770年，当时是西班牙和墨西哥统治下的阿尔塔加利福尼亚的首都。在此期间，小镇修建了加州的第一个剧院、公共图书馆、公立学校、印刷厂。它最初是加州所有完税商品唯一的入境口岸。1846年美墨战争之后加州割让给美国。

小镇通过自然美景、艺术、文化和历史给游客带来体验。这里的公共艺术（如许多绘画、雕塑和壁画）为艺术家、音乐家和作家提供了良好的氛围。很多地标建筑都是历史遗迹。因小说家约翰·斯坦贝克（John Steinbeck）而出名的罐头厂街（Cannery Row），以前曾有二十多家罐头工厂，但自1945年沙丁鱼渔场衰落之后便成为开满商店和餐厅的漂亮街道和网红打卡区域，笔者印象最深的是以电影《阿甘正传》为主题的虾店，各种海鲜让人垂涎三尺。当地的酿酒厂生产很好的葡萄酒，并且有许多品酒场所。这里的体验活动包括打高尔夫球、骑自行车、徒步旅行、乘坐帆船和观赏鲸鱼等。特别值得一提的体验项目是参观美国最具知名度的水族馆之一——蒙特雷湾水族馆，它的建筑是由当年的罐头工厂改建而成，游客可以看到其室内丰富多变的空间。这里培育着超过500种的海洋生物，致力于海洋保护的研究工作。

2. 圆石滩高尔夫球场及酒店等服务设施

圆石滩高尔夫球场是世界上最好的高尔夫球场之一，至今举办过六次

以电影《阿甘正传》为主题的虾店，每根横梁上写着一句电影的经典台词

虾店门口摆放一个座椅，有着阿甘的皮箱、巧克力和球鞋，游客可以坐在这里拍照

小镇随处可见的小花园

由罐头工厂改造而成的蒙特雷湾水族馆的建筑立面

美国公开赛。它在2005年美国杂志《高尔夫大师》的最佳球场评选中位列美国第一位。这座球场沿高低不平的海岸线设计，在令人惊叹的海景景观的基础上延伸，海岸峭壁边缘布置球道和起伏的果岭，给打球者带来独特的体验和挑战激情。圆石滩度假村以世界级的服务和豪华的设施屡获酒店行业的殊荣。在圆石滩餐厅能享受厨师们的烹饪手艺及本地的蔬菜瓜果和肉类，有圆石滩的小屋、静酒吧烧烤、画廊咖啡厅、阳台休息室、西班牙湾的旅馆及大堂酒廊等多个不同特色的就餐区域。总之，圆石滩高尔夫球场及酒店等服务设施专注于和谐的自然生态环境保护。其创始人谈到该区域的运营目标和理念就是要保护这里的环境，并持续观赏独特的自然之美，不能干扰本地的植物、鸟类和其他动物。

由于海边散落许多圆形小石块，故得名圆石滩球场

在海边区域有高尔夫果岭，球手们感受不同寻常的打球体验

高尔夫球会所的主体建筑，可从玻璃窗观海　　酒店的内廊，鲜花点缀廊架，非常优美和幽静

高尔夫球会所及酒店的大草坪，面临太平洋，一棵雄壮的大树屹立于海边

酒店的草坪做成高尔夫球道及果岭的形式，背景
是客房

海边的公共沙滩及一条木栈道

3. 17英里

这是加州著名的观光景点之一，被评为"全美三大最佳自驾旅游风景路线"。这段紧傍太平洋的公路，以其唯美的海岸风光、举世闻名的高尔夫球场、庭院深深的豪宅而历久不衰、百看不厌。而它最与众不同的是沿着太平洋的这一大块海岸线全为私人所有，因此"17英里"又被称为是"世界上最迷人的私家海岸"。"17英里"代表了真正能打动人心的"东西"是空气、阳光、动植物、沙滩、大海这些不是人造的而是天然存在却更珍贵的东西。

17英里著名的标志物——一棵在海边孤独生长的
松树

球场后方为17英里的豪宅区域

海风把海岸一线的松树吹成向一侧倾斜的造型

海边自然生长的野花，很原生态的感觉

| 一条土路和木栅栏，带领游客走到海边的沙滩 | 游客和松鼠互动 |

4. 卡梅尔小镇

卡梅尔小镇创建于1902年，1916年10月31日正式运营管理。它位于蒙特雷半岛，以自然风光和丰富的艺术历史而闻名。1906年旧金山的报刊用一整页的篇幅报道了"海边卡梅尔的艺术家、作家和诗人"。1910年的报道称：小镇60%的房屋是由那些"将生命奉献给与美学及艺术有关的工作"的市民建造的。早期的小镇议会是由艺术家主导，几个行政管理者都是诗人或演员。小镇风景优美，文化艺术氛围浓郁，有很多画廊、酒吧及咖啡馆。海边白色的沙滩结合老树枝及木栈道，视野非常开阔。从海边沿着斜坡走上山顶，一路上能看到斜坡两侧是优美的住宅及商业建筑，如餐厅、画廊、奢侈品店、艺术博物馆等。小镇的总体规划定位为"森林中的乡村小镇，又能俯瞰白色的沙滩"，增强了它的自然海岸特色。当然，小镇经常接待来自世界各地城镇的代表团，他们都希望了解卡梅尔这个海边小镇在当今日益同质化的世界里是如何保持原汁原味的。

以下详述笔者对小镇的山顶、山坡到海边沿途商业区的体验。

（1）山顶商业区——谷仓庭院购物村（Barn Yard Shopping Village）
花园。花园的花境设计、种植和养护都达到了很专业的水平，竖向空间随着坡地上上下下，各个商铺都是鲜花和精致的装饰结合在一起。毛石挡墙很质朴，墙体的前面摆放长椅，供游客休息使用。地面铺装为常规的红砖，与植物搭配凸显精致的乡村感。色彩运用纯粹、简洁，不超过三种颜色，但重点

卡梅尔的山顶商业街，植物丰富，氛围温馨

突出。考虑到游览参观动线经过精心的设计，既不多走冤枉路，又能照顾到每一个商业店面，因此在步行约100米的道路节点处放大处理成休息广场，摆放座椅、灯具及直饮水设施。

（2）海滨大道卡梅尔广场（Carmel Plaza，Ocean Avenue）花园。花园底层很有设计感。地面铺装就是常见的质朴简洁、有度假感的红砖。花坛用不规则的毛石自然拼砌，体现乡村感。游客先到达二层，再从二层向下进入一层花园及就餐区。从二层到一层有几座折线形的楼梯，栏杆是铁艺的，漆成浅绿色，与木结构商业建筑相得益彰。最美的是花园中的植物配置，大树与花卉结合得很好。几棵主景大树位于楼梯的边缘不对称布置，成为底层庭院中的主要对景。大树下的花卉作为游人的观赏主景，色彩有淡绿、深绿、浅黄、深红等，还有不同的肌理与质感，可以观叶、观枝、观花，植物的丰富程度使空间体验非常舒适。植物包围着室外就餐区，7~8个二至四人的圆桌，上有洋伞，旁边点着煤气灯，几个圆桌中间有一处火盆，冬天可以烧火加热，围坐在一起的气氛很好。这样的公共空间形成一个个温馨的社交场所。

山坡路边的一户住宅，花园中种满鲜花

山坡路边的住宅及花园中的凉亭

山坡路边的酒店"Normandy Inn",点缀的花草十分唯美

山坡路边一个招人喜爱的餐厅"Court of Golden Bough"

海滨大道卡梅尔广场
的花园设计与施工都
极为精湛,鲜花绽放,
游客在其中购物及就
餐的氛围非常好

5. 加州1号公路体验

沿着1号公路从旧金山到洛杉矶再到圣地亚哥一路自驾，一侧是起伏的高山，另一侧是波澜壮阔的大海。行驶过程中观赏沿途的自然风景，也跨越雄壮的大桥，是一种极其震撼的体验。

大苏尔（Big Sur）的森林溪流景点，游客坐在溪流中的座椅上拍照　　路边停车，观看大海的美景和海边的1号公路

在1号公路开过气势恢宏的大桥　　曲折的1号公路，可以看到沿海陡峭的悬崖

（七）迭代实验

硅谷的发展历史就是迭代实验的过程。

硅谷发展的第一阶段：早期无线电和军事技术的研发基地。

硅谷发展的第二阶段：斯坦福工业园。二战结束后，美国大学入学的学生数量骤增。为满足财务的需求，同时给毕业生提供就业机会，斯坦福大学开辟工业园，允许高技术公司以极低的价格租借并作为办公用地，如惠普（HP）、柯达（Kodak）和通用电气（GE）等。

硅谷发展的第三阶段：硅晶体管。

硅谷发展的第四阶段：风险资本。1980年苹果公司的上市吸引了更多风险资本家来到硅谷。

硅谷发展的第五阶段：软件产业兴起。除了半导体工业，硅谷同时以软件产业和互联网服务产业著称，如施乐公司（Xerox）。

硅谷已经开始用人工智能培养下一代。

（八）运营管理

以圆石滩球场的运营管理为例来详述。

人身安全：在圆石滩海湾，游客可以下海游泳。为避免发生安全事故，规定由其球类俱乐部停车场进入海滩，海滩有公共卫生间可供游客使用。海滩游客需要遵守所有联邦、州和地方的法律和法令。不允许那些非法或不安全的活动，如宠物不绑绳子、携带武器及捕鱼枪等，也不能在公众面前赤身裸体。在沿海地区沿着17英里冲浪会受到意想不到的威胁生命的海浪暗流。攀爬海岸礁石及在海中游泳都是不安全的。

保护私人财产安全：17英里和德尔蒙特森林的道路是私人所有的。开车通行是要经过许可的，并受《加州民事诉讼法》第1008条规定的所有条款制约。允许游客在指定的区域内进行野餐，但不允许在该区域露营过夜。由于山林火灾的危险，禁止在山林中点火。

交通设施：游客可以使用两个免费的公共停车场，每个区域距离海滩都很近。如有重要的高尔夫赛事等特殊事件，将禁止停车，并提前发布通告。所有使用该区域道路的人都要遵守加州的车辆法规及德尔蒙特森林私人道路的使用政策。德尔蒙特森林区域指派全职私人保安与加州公路巡警联合巡逻。摩托车被禁止在德尔蒙特森林公路上行驶。长时间停在落客点的车辆将被拖走，费用由车辆的主人承担。维护期间海滩球类俱乐部停车场将不对游客开放，每月维护一天。关于设备的运送，带水肺的潜水员或其他访客计划利用设备或其他海滩上的大件物品可驶往指定地点，如在海滩和球类俱乐部用于装载车辆的停车场。

生态保护：要保护自然鱼类及动物的生存，特别是海中的水生动植物。不允许私自收集受联邦或州的渔业协会保护的海洋生物。禁止在该处的森林中使用武器进行打猎，也不要给野生动物喂食。注意由于鹿群过马路而造成交通事故，需要小心避让。

知识产权保护：圆石滩公司拥有相关的商标、服务标志、贸易服装，包括高尔夫课程等内容的知识产权，未经允许禁止用于任何商业用途。

（九）转型与坚持

坚持高科技产业为小镇集群的发力点，坚持以斯坦福大学及加州大学伯克利分校为核心的高水平教育，这是硅谷的核心竞争力。但也需要不断迭代实验，转型到更有科技含量的产业，如AI产业等。1号公路的沿途小镇集群需要转型，避免同质化，需要做出不一样的特色。硅谷及1号公路的自然生态环境需要维护好。

霍顿平原乡村小镇的坡地农业

五、斯里兰卡：霍顿平原乡村小镇

—— 世界尽头的锡兰红茶产业

HORTON PLAINS NATIONAL PARK & RURAL TOWNS, SRI LANKA

关键词：世界自然遗产　农业体验　锡兰红茶　霍顿平原　民宿

价值点综述：

　　笔者于2016年6月去霍顿平原乡村小镇进行考察。霍顿平原国家公园（Horton Plains National Park）的名字来自殖民期间英国驻锡兰总督威尔默特·霍顿，海拔2000米，面积达3160公顷。因地貌、植物、生物的多样性，1969年被定为野生动物保护区。1988年规划为国家公园，供游人徒步游览。2010年斯里兰卡中部高地被列入世界自然遗产保护名录。

（一）聚焦爆点

茶叶种植是1821年由英国人引入斯里兰卡的。斯里兰卡原名"锡兰国"，"锡兰"为英文"Ceylon"的音译，即"茶叶"的意思。斯里兰卡中部高地（如霍顿平原等地区）常年云雾弥漫，非常适合茶树的生长，所以这里红茶的品质优异，香气和嫩度好，富含维生素等营养物质，被称为"献给世界的礼物"。有资料显示斯里兰卡2011年茶叶产量为33万吨，占全球茶叶产量的7.7%，国内消费量为3万吨，出口量为30万吨，其茶叶出口金额居世界第一。锡兰茶价格高居世界首位，平均每吨4300美元，比国际均价高出32%。斯里兰卡有2000多万人口，与茶叶相关的从业者达100万人。法新社称，2012年斯里兰卡茶叶出口为斯里兰卡带来15亿美元的收入。而对比斯里兰卡与我国，据统计2014年中国总产茶量198万吨，是全球第一产茶大国，占全球产量的39.4%。但是，中国有大约7万家茶厂，各自为政，茶类繁多，缺乏国家统一质量标准，茶叶制作还停留在手工作坊式的阶段，并且缺乏国际竞争力。因此，我们应该向斯里兰卡学习其茶叶产业的品牌营造及运营之道。

（二）体验设计

1. 爆品酒店项目——平原民宿（The Plains）

笔者和团队成员开车自驾前往民宿。从乡间小路进入一个山谷，小路周边种植蔬菜和瓜果，有现代化的农业大棚。路边有农民在收割庄稼，以土豆为主。平原民宿屹立在山顶，从入口看是很普通的二层小楼，但是从山谷下方抬头仰望，则是玻璃幕墙加坡屋顶的现代主义风格的建筑物。山谷经常雾气缭绕，住在民宿之中远眺出去如梦如幻。

从建筑设计来看：民宿的墙面为黄色的涂料，屋顶是浅绿色大坡屋顶，主立面为钢结构及玻璃幕墙。整体建筑风格为朴素与时尚、粗犷与细腻的统一，体现乡村自然环境中的度假氛围。

从室内设计及景观设计来看：

入户——大门及地面铺装都使用老旧木头或老门板直接放置于此，体现历史感及地域风情。建筑立面上有小面积长条形窗户，当光线变化时会创造出丰富的光影效果。窗户形成整体序列，达到一种韵律之美。屋顶设计一条长窄形的天窗，采光效果较好。

平原民宿的立面效果

客厅——空间开放，建筑层高较高，中间摆放几组沙发。客厅的整体墙面是素混凝土框架加上红色砖墙填充，给人粗犷的感受。玻璃幕墙内侧居然种植着一棵活着的蕨类大树，让整个客厅室内绿意盎然。客厅中部有一个壁炉，炉边摆着一些烧火的木柴。霍顿平原是斯里兰卡最寒冷的山区，所以壁炉取暖是必需的。一个民宿的冬天保暖效果关系到客户的体验和评价，至关重要。

一层观景平台——把客厅的落地玻璃窗打开并站在木平台上，可以俯瞰整个山谷的自然环境，这也是借景的手法。在木平台的一角，摆放一个混凝土制成的烧火架和几把小椅子，可供户外烧烤。

餐厅——这是一个可以与二层空间互动的场所，当然也连接厨房、储藏室，所以这个空间的交通比较复杂。餐厅并没有刻意体现这是一个专属的区域，而是摆了一个巨大的木质餐桌来限定空间属性。餐桌的尺寸大约是1.2米×2.7米，为厚重大气的实木，座椅也是全实木的。室内上二楼的楼梯为混凝土踏板的形式，侧面为铁艺栏杆扶手。

二层共享空间——二层有一个小型会客间，是一个半公共半私密空间，其功能可以作为书房使用，可以看书、看电视或聊天等。二层走道上有一个木框架的艺术品，宽度为0.6米，长度约为4.2米，造型是用不同长短的木头拼接起来，凹凸不平地伸展着，营造出特色的乡土氛围。

客房——一层客房的外墙面为大落地玻璃窗，远眺山下田野一览无余。在落地玻璃窗处放置两个望向窗外的沙发，适合情侣对坐聊天。房间内有壁炉。二层客房的外侧也是大落地玻璃窗，视野开阔，风景一览无余。而且它

酒店客厅的层高较高，有沙发、大树，可以　　餐厅与楼梯的空间
通过大落地玻璃窗看到远处的山丘与平原

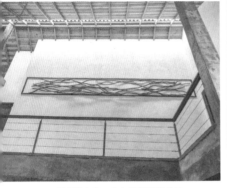

二层走道上有一个木框架的艺术品　　客房室内的大落地玻璃窗，视野极佳，但从外面看不到室内

往外悬挑了1.5米形成阳台，所以空间显得更大一些。其屋顶局部有采光玻璃顶，阳光可以洒落进来。建筑内有三间客房（另加一间是距离主楼约200米的单独小屋），共四间客房一日全包楼价为人民币3600元。

2. 在霍顿平原中的田园体验

笔者及团队成员从民宿走到田野中，看到一大片原生态的蔬菜、瓜果种植区域，路边有当地老人及妇女在采摘土豆。这里的山谷农场属于某大型农业集团的产业，他们修建大棚种植水果和蔬菜，还建设自动喷灌系统，这些农民是农业集团的雇佣工人。

大雾笼罩下的山谷朦朦胧胧，几棵造型优美的大树屹立于山间，成为这块区域的标志物。这种原生态的感觉，也正是都市人要来乡村探寻的意境。笔者在平原山谷里听到很多动物的叫声，如松鼠的叫声、各种鸟叫声、昆虫的叫声等，是难忘的乡村田园体验。但霍顿平原中，要特别注意蚂蟥叮咬。

当地农民在农田里劳动

霍顿平原的山谷地区气候多变，云雾缭绕中的一棵
特色造型树

霍顿平原中辛勤劳动的人们，还有种植草莓的大棚　霍顿平原淳朴的农民
和拖拉机

（三）对中国乡村的借鉴价值

　　总之，霍顿平原乡村小镇的爆点有如下两点：首先是霍顿平原为世界自然遗产，其次锡兰红茶产业是世界级的茶叶品牌。而其体验设计就是让游客感受其独特的自然风光，并观看产茶的工艺流程并采购茶叶，创造经济效益。能对中国的乡村带来的借鉴价值就是学习他们如何把茶叶产业做到世界顶级的水平和影响力，并通过茶产业带动周边乡村的旅游业和经济的发展，可采用特色的旅游和农业销售一体化发展的模式。

第四节　生活场景体验

威斯汀斐济水疗度假酒店的黄昏，泳池与大海海天一色

DENARAU ISLAND, FIJI

——友好型生态慢镇

一、斐济：丹娜努海岛乡村小镇

关键词：生活场景体验　海岛　斐济　丹娜努　酒店群

价值点综述：

　　笔者于2016年7月到斐济丹娜努海岛乡村小镇进行考察。该小镇的爆点在于它有南半球最好的沙滩，并由此建造了一系列五星级酒店群，有斐济的外岛也有很多极富特色的度假酒店。其体验设计有丰富的活动项目，如浮潜、深潜、无人岛游玩等。能对中国的乡村带来的借鉴意义在于这里类似于中国的三亚亚龙湾大开发，说明了海边沙滩这种第一流的稀缺资源会吸引来大量的投资，也会带来丰厚的收益。

（一）了解需求

斐济位于西南太平洋中心，由332个岛屿组成，多为珊瑚礁环绕的火山岛，其中106个岛屿有人居住。丹娜努海岛小镇位于维提岛（Viti Levu）的西侧，隔海面对玛玛奴卡群岛（Mamanuca Islands），面积约为2.5平方公里。

谈到"斐济"，可以用三个关键词来概括。第一个关键词是"Wola"，这是在斐济随处都能听到的问候语，表达"你好"的意思，可以听出斐济人有多热情。友好型的小镇是其文化的特色，还有很多独特的传统习俗让游客愿意来斐济看看异域风情。第二个关键词是"Ecotourism"，斐济是生态旅游的典范。给笔者印象最深的就是还未完全走出纳迪国际机场（Nadi International Airport），在其半开放式的候机大厅里就看到各种飞来飞去的鸟，听到各种鸟叫声，让人感慨大自然赋予这个海岛国家世界一流的生态环境，如大海、沙滩、珊瑚礁等优美的风景，而且蓝天白云，空气质量极佳，甚至连喝的斐济水都是世界一流的。第三个关键词是"Fiji Time"（斐济时间），是指斐济在全世界都出名的慢节奏、慢生活的意思。在斐济待久了，就会慢慢习惯和忍受各种等候，这种悠闲的等候是一种慢生活的态度，即"慢镇"的状态。现代人的快节奏和生活压力，通过这种慢生活的方式来缓解和释放，这是该慢镇体验的特色。

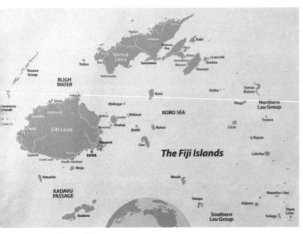

斐济全国地图

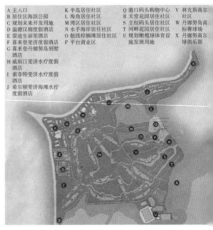

丹娜努小镇的平面图

丹娜努小镇的西侧和北侧有着世界级的白色而细腻的海滩，这也是7个五星级酒店选址于此的原因。小镇周边的大海被形容为"彩色的大海"，是指有许多色彩斑斓的海鱼在大海里畅游，将大海装扮得五彩缤纷。小镇周边及附近海岛的海底有着巨大而精美的珊瑚礁群，也是吸引游客浮潜和深潜的地方。斐济因为大海与沙滩，成为"世界十大海岛旅行度假地"之一。

（二）明确定位

丹娜努小镇是斐济最高端的度假小镇，代表着斐济的国家形象，是"友好型生态慢镇"的典型代表。从机场到小镇驱车约15分钟，交通非常便利。该小镇针对不同的游客群体，提供极具吸引力的服务：如针对公司团队可以在小镇进行团建、聚会或娱乐等活动，并提供会务相关的专业服务；又如针对一家人旅游，可以提供丰富的儿童活动设施以及与婚礼相配套的设施与服务；再如针对情侣旅游，可以提供浪漫的成人私密区域，享受壮丽的日落海滩晚餐及迷人的与大海连成一体的无边泳池。总之，丹娜努小镇是西南太平洋地区以生活场景体验为主题的度假、居住、运动、购物生活一体化的顶级旅游目的地。

（三）聚焦爆点：西南太平洋地区顶级的五星级酒店群

当前五星级酒店群位于丹娜努小镇的西侧和北侧，靠近大海，拥有南半球最好的沙滩。游客可以根据各自的品位和喜好挑选不同格调的酒店。大海、沙滩、椰子树、现代建筑以及泳池畔穿着比基尼的美女，这一切形成了一幅热带风情的画卷。

（四）设置功能

丹娜努小镇以高尔夫球场为中心，北侧和西侧为7个五星级酒店群，东侧为高端居住区及海港码头。

1. 度假功能

丹娜努小镇的北侧和西侧都是最佳的观海位置，有着优质而柔软的沙滩，适合游客度假休闲活动。因此，小镇经过50年的建设和运营，已经拥有

7个五星级度假酒店，2100多间客房，形成西南太平洋地区顶级的五星级酒店群。在小镇的北侧从东到西依次为：希尔顿斐济海滩水疗度假酒店（Hilton Fiji Beach Resort & Spa）、索菲特斐济水疗度假酒店（Sofitel Fiji Resort & Spa）、威斯汀斐济水疗度假酒店（The Westin Fiji Resort & Spa）、喜来登丹娜努岛别墅酒店（Sheraton Denarau Villas）、喜来登斐济度假酒店（Sheraton Fiji Resort）。在小镇西侧从北到南分别为：前述最西北角的喜来登斐济度假酒店、雷迪生丽笙酒店（Radisson Blu Resort）和温德汉姆度假酒店（Wyndham Resort Denarau Island）。

威斯汀斐济水疗度假酒店主体建筑立面

威斯汀斐济水疗度假酒店客房建筑与疏林草地、椰树林

威斯汀斐济水疗度假酒店游泳池景观

① 威斯汀斐济水疗度假酒店外围的海边椰子树与沙滩排球场

② 希尔顿斐济海滩水疗度假酒店客房建筑立面，前景为椰树和草坪

③ 希尔顿斐济海滩水疗度假酒店游泳池畔的餐饮建筑立面

④ 希尔顿斐济海滩水疗度假酒店餐饮建筑都是半开放空间，游客可以坐在室外，一边看海一边就餐

⑤ 希尔顿斐济海滩水疗度假酒店平静的泳池

⑥ 喜来登斐济度假酒店客房建筑立面，与大海、椰林很好地融合

喜来登斐济度假酒店海边的小婚礼堂　　　　　　喜来登斐济度假酒店大堂正对海滩的主景观

喜来登斐济度假酒店与海边沙滩相连的游泳池

喜来登丹娜努岛别墅酒店客房被泳池和椰林所环绕的美景

喜来登丹娜努岛别墅酒店大型的泳池有椰林点缀

喜来登丹娜努岛别墅酒店客房建筑的立面

喜来登丹娜努岛别墅酒店潮湿边缘餐厅，傍晚就餐的美景

索菲特斐济水疗度假酒店客房建筑立面

小朋友在索菲特斐济水疗度假酒店的泳池中玩耍

索菲特斐济水疗度假酒店景观区与沙滩有 1 米高差，用白墙及休息场地化解，这与其他酒店的处理方式不同

2. 居住功能

丹娜努小镇的东侧为居住地块，已经建设和销售了大量的别墅及公寓楼，是当前斐济最高端的居住区之一。东侧也为海景区域，虽然没有连贯的沙滩，但很多居住地块是直接连接到海边的，或者沿着从大海挖掘过来的溪流进行排布的，整体的居住环境非常好。该居住地块的优势有如下几点：交通体系是尽端式的，比较私密；环境安静、安全，景观效果好，小镇在规划时考虑了靠近大海和靠近溪流的效果不同，因此其溪流的挖掘位置都保证了几个居住地块的价值最大化和景观均好性；公寓式的住宅楼可以改造成酒店式公寓客房，供家庭度假的需求，也是差异化竞争；别墅地块的后院临水处（靠大海或溪流）基本都配置游艇码头，大部分家庭都停靠游艇，以便于出海度假。

3. 港口及商业功能

在东侧海岸的中部，于1999年成立了丹娜努小镇的海港码头，是各种游船、私人游艇的停靠地。这是一个优良的避风港，外围有防浪堤，所以游船在此处停泊比较安全。这里已经成为斐济顶级的海港码头设施综合体。这里设置了一个大型的港口码头购物中心（The Port Retail & Commercial Center），有斐济最大的奢侈品商场以及土特产、手工艺品市场和店铺。它解决了外地游客的购物需求，是小镇最大的商业和餐饮综合体及对外交通的枢纽。

4. 运动设施功能

丹娜努小镇的大多数活动设施都是开放的，如酒店群的公共空间和餐厅都是可以消费的，海边沙滩也是可以共享休息的。小镇中部的一大片区域是比赛级的18洞高尔夫球场（Denarau Championship Golf Course）。这是一个标准杆72杆、总长度为6513米的世界级的高尔夫赛道。这个高尔夫赛道是由4个标准杆3杆的球洞、10个标准杆3杆的球洞和4个标准杆5杆的球洞总计18个球道组成，打球的过程中要对抗71个沙坑和大量水障碍区。人工开挖的溪流从东侧大海被引流进来，围绕着球道形成3道环形的水景，这种景观既是球道的水体障碍，又是完美的风景。因此，该高尔夫赛道是蜿蜒于溪流水景、乔木树林、花灌木丛之中的美丽风景，甚至在15洞和16洞把球员带到了海边沙滩的地方，球员可以一边观赏海景一边打球。在这个球场上，专业选手甚至享受以直升机接送的待遇从外岛飞来打球。而公共开放的高尔夫练习场则维护得很好，允许所有不同水准的高尔夫爱好者使用。球场的俱乐部（Denarau Golf & Racquet Club）主楼位于整个高尔夫球场的西北侧，也就是在威斯汀斐济水疗度假酒店的南侧。

这里的网球场有四个塑胶球场和六个草地球场，是斐济网球公共赛的主场。在这里，游客能买到大多数的专业设备，如从一系列高尔夫球杆到高尔夫或网球选手戴的专业球帽。在这里还有当地的网球和高尔夫球专业人士为游客提供训练指导。

总之，这里毫无疑问是西南太平洋地区最先进的高尔夫球和网球综合体运动设施之一。

（五）营造空间

1. 整体规划理念

整个小镇的空间布局以高尔夫球场为中心，西侧和北侧设置了五星级酒店群，东侧为高端的居住区、海港码头及商业综合体，还预留了未来发展用地。

从建筑设计及建造来看， 酒店、居住区、海港码头及商业综合体的建筑物风格均以斐济地域乡土风格为主，突出热带海岛风情，以现代简洁的形式表现，楼层一般不超过三层，大玻璃窗结合格栅通风遮阳。

从景观环境来看， 通过"一大面+多点状+一横一纵"的点、线、面景观布局，形成小镇整体环境的景观效果。而小镇周边的大海、沙滩、海岛、珊瑚礁等，对游客极具吸引力。

（1）面状景观： 从小镇的空间布局来看，"一大面"是以高尔夫球场为中心绿肺，给周边酒店群及居住区提供大量的绿化及良好的生态环境，也提升整个小镇的品质。另外，酒店群和居住区的绿量也很大，景观经过精心设计，也成为面状景观的组成部分。

（2）点状景观：有一些小型的开放公园、公共绿地以及道路环岛节点等形成"多点状"的特色景观区域。

（3）线状景观：沿着小镇"一横一纵"的主体车行道分布线性的景观带，如车行道两侧的行道树、疏朗的大草坪及种植大量花草的绿化效果。

总之，通过"一大面+多点状+一横一纵"的点、线、面景观布局，形成小镇整体优美的景观环境。

2. 环保及可持续理念

保护当地特有的海龟、鸟类及其他动物的生态环境，建立绿色垃圾的管理体系，在海湾、半岛及溪流等区域疏通河道和维护水质。建立针对自然灾害的防灾应急反应团队，维护海堤安全，建立防浪堤、海堤挡墙等设施。

3. 交通体系

从车行交通体系来看，一横一纵两条主干道联系各酒店的出入口、居住区及港口码头购物中心。整个小镇的车行道路体系非常便捷，没有浪费的交通面积，适合小镇的交通容量，保证私密性和舒适性。车行交通在几个主要节点处以圆形环岛的形式来降低车速，并把车流引导到不同的酒店区和居住区之中。这是西方常规的车行交通处理方式，适合这种交通量不大、环境优良的特色小镇。

从人行交通体系来看，虽然每个酒店之间用围墙和绿化所分隔，但是北侧和西侧的海边沙滩是整体贯通的，游客可以在海边沙滩上随心所欲地散步，享受斐济的生态环境、热情好客和慢生活。这是大多数游客所喜欢的度假方式。

4. 空间的开放性与私密性

各个酒店基本都是全开放的。游客可以从一个酒店散步到其他各个酒店的公共区域，没有任何限制。但到各酒店的客房区域则需要刷卡，注重安全和隐私。

居住区的空间则是半开放半私密的。各个居住区都没有设置小区围墙，居住者可以开车到自己家或公寓楼的车库，游客也可以走到居住区的绿地花园之中。但各家各户都设置了监控设备，当外人闯入时就会立刻报警，非常安全。而且由于这些地块基本都临水（大海或溪流），其后院都非常私密，外人是无法偷窥到内部的花园和生活场景的。

高尔夫球场则是用围墙围起来的空间，对外是私密性的，打球者只能从其俱乐部主楼进入球场，然后到各个球道打球。

（六）体验设计

1. 体验的目的

让游客感受到该海岛小镇独一无二的环境和旅游项目，留下美好回忆，由此创造出体验经济的收益及品牌影响力。

2. 常规项目

丹娜努海岛小镇作为斐济的旅游集散枢纽，从小镇出发可以开始各种旅游和探险活动。由于它位于维提岛（Viti Levu，斐济最大的岛屿）的背风向，所以可以保护游船及游艇的安全停靠。而且，玛玛奴卡群岛和萨瓦群岛（Yassawa Islands）的娱乐、休闲、运动场地就在小镇的附近，游客可以乘坐游船去不同的岛屿旅游，或者自己开游艇及乘坐水上快艇来一次刺激的冲浪，甚至去斐济外海的珊瑚岛礁，都非常方便和实惠。

丹娜努海岛小镇可以提供如下多种多样的体验项目：

（1）**水上运动项目**。游客可以体验刺激的喷气船航行、钓鱼、带氧气瓶深潜、浮潜、冲浪、滑水（水橇运动）等海上运动。游客可以乘坐水上摩托艇进行放松活动，或通过水上摩托艇进入纳迪湾（Nadi Bay）和各种外岛，或到漂浮在海上的九朵云餐厅及酒吧（Cloud Nine）。

海钓——钓热带鱼、龙虾、大螃蟹等，可以钓到许多奇形怪状的鱼，海钓活动的参与体验令人难忘。

开船出海航行——在风浪大的时候小船在大海中上下颠簸，人前俯后仰，很多年轻人喜欢这种刺激的感觉。

划皮划艇与划板——一般是一人或二人划。在风平浪静的港湾里，单桨站立划板，也可蹲在划板上。这两种都是比较安全的水上体育运动，以年轻人和家庭参与为主。

（2）空中运动项目。

乘坐直升机俯瞰风景——从小镇码头乘坐直升机起飞，从高空俯瞰小镇与玛玛努卡群岛，可以看到多个由珊瑚礁和白沙滩环绕的小岛。直升机将飞越"沉睡的巨人山麓"，饱览沿途的热带雨林、瀑布群、悬崖峭壁等风景，最后返回丹娜努海岛小镇码头。

高空跳伞——专业跳伞人员会带游客从4200多米的高空以时速200公里自由落体跳下，速度与激情是永恒的主题，年轻人追求荷尔蒙的快感释放。

驾驶帆伞滑翔——快艇拉着帆伞升起到几十米的高空，游客被吊在帆伞下，在空中俯瞰大海。

（3）陆地休闲活动。

海边看夕阳及烛光晚餐——一对情侣或一群朋友在海边看日落，或在一个海边的餐厅或酒吧里，听着当地的音乐，品尝美味的晚餐，体验这里的慢生活。

观看土著人表演——观看斐济特色的卡瓦酒仪式、土著舞蹈、火舞和火上行走等表演，这些都具有斐济地域及传统文化特色。

内陆乡村游览——有大量有趣的故事发生在斐济内陆的村庄、城镇和市集。你能遇到当地人，在他们的家

观看土著人的火舞

里见识斐济的传统文化，你可以感觉到他们好客的态度和礼仪。

游客可以定制自己的旅程，例如进入斐济的丘陵地带，进行激流漂流，在热带雨林中开快艇，划皮划艇穿越古老的红树林和环礁泻湖。游客还可以采用租车、骑摩托车、骑自行车、乘坐出租车等多种交通工具，去探索附近的乡村，看历史上的堡垒、要塞及沙丘，可以在美丽的瀑布和河流旁边进行野餐。还有休息漫步、观赏植物、养生SPA等简单的活动。

（4）**体育项目**。游客可以在小镇世界级的高尔夫球场参加比赛，或打保龄球，或在草地或硬地球场打网球，而这些场地也是举办斐济各类专业体育比赛的场地。另外，还可以参加游泳、沙滩排球、沙滩足球及水中篮球等运动。

游客在玩沙滩足球项目

游客在泳池中进行水中篮球项目

（5）**爆品项目**。斐济有大量风光秀丽的海岛，可分为无人岛和已开发的海岛两大类，而几乎所有的海岛游都是从丹娜努小镇的海港码头出发的。因此，海岛游是该小镇的爆点项目，以下重点阐述两个笔者体验过的案例。

1）无人岛体验一日游。体验友好而欢乐的海岛、沙滩、荒岛自助餐与潜水，这是中国可以尝试开发的旅游模式。

乘坐游船出发：一般的无人岛体验都是在离丹娜努小镇开船一日内可以

往返的区域，如笔者体验的这个无人岛在2个小时的航程之内，重点是要选择好的天气和好的游船。

到达无人岛的时候，会看到一座栈桥结合简易的浮船码头，这是供游船停靠使用的。在无人岛上游玩的时间大致为11:00~15:30，约4个多小时。结束之后，乘船返回，约18:00左右到达丹娜努小镇的码头。

在无人岛上的游乐体验项目有浮潜与深潜，这是海岛游最主要的项目。

浮潜：面对初学者，如带着儿童来玩的一家人。各种年龄层次的儿童可以透过游泳镜看到许多美丽的热带鱼、珊瑚、贝壳、水母等海洋生物。

深潜：面对专业爱好者，必须要有培训证书方可参与。深潜是指带着氧气瓶潜到海面以下5~10米之内的区域进行活动。由于海底水压增大，对人的心脏、耳朵等多个器官的要求也越来越高，所以玩深潜的人必须是有一定经验的潜水者。

无人岛自助餐：吃午餐的场景体验给笔者留下很深的印象。中午约13:00船员们在沙滩中部的空旷

乘坐游轮前往无人岛

斐济当地船员兼歌手

小朋友在海里浮潜

处摆好长条桌子，放上新鲜的餐食，大家排队领取食物，然后随便找桌椅就座，或直接坐在草地上吃午餐。食物有蔬菜、水果、土豆、鸡块、鱼等，基本能吃饱。同时，船员会提醒大家，尽量把所有的食物都吃完，不要浪费；所有的食物垃圾不要随地乱扔，要装在特定的垃圾袋里带走。吃完午餐之后，很多人去浮潜或深潜了，留下来的人打起了沙滩排球，还有音乐响起，年轻人跳起欢快的舞蹈。

无人岛上的沙滩和茅草亭

年轻人打沙滩排球

小朋友在玩沙

简易淋浴设施

2）萨瓦岛天堂角度假酒店：外岛酒店度假，体验海边慢生活的悠长假期（Paradise Cove Resort，Yasawa Island，Fiji）。

当笔者及其他团队成员到达酒店的时候，所有的服务人员在沙滩上站成一排，弹吉他，列队鼓掌欢迎。他们的态度非常热情、真诚，令人感动。他们很用心地手绘天气预报的牌子，然后摆在大堂的外面，每天修改一遍。酒店固定提供几种餐食，摆盘及美食烹饪都非常考究，也是精心设计过的。上述这几个小细节都体现了斐济人的待客之道。

从建筑规划设计来看：一般来说，酒店选址最重要的标准是看岛上哪块区域沙滩的品质比较好、看大海的视野也比较好。酒店共有20多间房间，沿着海边沙滩展开，使得每一间客房都能看到海景，而且能直接从客房中走出来，到海边沙滩玩耍。建筑屋顶是用金属屋面板，内部是混凝土结构结合局部木结构，如屋顶、梁柱是木结构，并绑扎草绳，很有斐济海岛的地域风情。客房建筑的风格是比较实用性的，当前还在海岛内部的森林区域扩建客房。

酒店入口可以看到一个长方形的游泳池，游泳池的周边是有度假感的餐厅及酒吧。游泳池旁边有一处免费的租皮划艇、救生衣、脚蹼的廊架区域。

从客房设计来看：

门廊区域——客房的外面有一个门廊，是半开放空间。从门廊走进屋内，看到的是一组沙发，前面一个茶几可以摆放东西。这是进入房间的休息区域，也是摆放行李的区域。

主卧区域——主卧区域里面就放置一张大床，床四周用蚊帐围合起来，但顶部是空的，可以躺在床上看到房间极具特色的屋顶。屋顶是藤编、木编以及麻绳编织的精美的工艺品，在夜晚灯光的照射下，更为精巧。墙上挂着一把木雕斧头，这是斐济的传统文化工艺品。

露天卫浴区域——大床的背后是一个开放式的衣橱，其外侧是一个开放式的露天卫浴区域。卫浴区域是干湿分离的。干的部分是在半室内的，如洗手池、大玻璃镜框（1.5m×2m）、靠墙比较隐蔽的是坐便器。整个洗手台约2米长，非常大气舒服。洗手台和坐便器之间用木头作为分隔，还用麻绳绑扎起来，很有乡土气息。卫浴区域的另一侧还有一个梳妆台，旁边有一个挂毛巾的架子（这个架子非常有特色，也是用麻绳绑扎起来，形成乡土的效果）。露天的淋浴器有两个，直接装在围墙的内侧毛石墙体之上。站在此处淋浴，只有3米多高的围墙遮挡，而没有屋顶，有种身处大自然的快乐。当然，你不需要担心被偷窥，因为在这个海岛上根本没有超过一层的建筑物。另外，有几间高级的客房还有浴缸和室外儿童戏水池等设施。

从景观设计来看：其景观环境基本不用设计，都是原生态的氛围。地面是沙地，局部道路铺了一部分木栈道，以便于通行。房屋周边种植一些耐盐碱耐旱的植物就足够了。

很多客房的周边都保留了原生态的大树，树形巨大优美，与建筑有机地结合在一起，一两棵就把空间场所的氛围营造出来了。这些大树应该都是海岛上的原生树，而这个度假酒店成为自然之中的硬质景观，衬托自然环境之美。

每一个客房都拥有一片专属沙滩，可以从大门直接走入大海，并有专属的亭子和吊床。

总之，酒店的整体景观环境既是原生态的，又是与酒店建筑有机地融为一体的。

独立于主岛之外的外岛上的酒店建筑立面

用水上飞机接送上岛的游客

用游艇接送上岛的游客

酒店的公共区域是一个长方形的游泳池

在酒店的公共区域中，长方形的游泳池旁边为主餐厅

酒店客房建筑，结合绿化、沙滩的景观

酒店客房的户外泳池，也可以走入沙滩和大海游泳

酒店客房室内

酒店客房外的沙滩景观

（七）迭代实验

1. 开发发展用地的迭代实验

丹娜努小镇预留了几块开发发展用地，根据规划决定将来的开发内容和性质。例如，在小镇的最南端（即高尔夫球场第6球道的南侧）有一块预留用地为规划的英式橄榄球场开发区域；在小镇的西侧，温德汉姆度假酒店的南面也有一块考虑未来发展的预留用地。这为进行迭代实验打好了基础。

2. 无人岛的设计与建设的迭代实验

要分析无人岛有哪些活动功能，如何进行功能分区。

首先，无人岛上要有一个主体建筑，提供最基本的服务功能，如有一间看岛人居住的房间，可以堆放工具、临时处理垃圾及保存紧急发电的设备等。该主体建筑最重要的功能是提供男女公共厕所。如果无人岛的条件比较好，还可以增加一些进行简易烹饪的设施。

其次，无人岛大面积区域都是沙滩区。需要布置一些休息茅草亭、室外桌椅及垃圾桶，不破坏该岛的环境。

第三，沙滩靠海处要有一个发放和收取浮潜、深潜设备的廊架区域，应有各种尺码的救生衣、脚蹼等，服务不同的游客。廊架旁边还要有一个露天的简易淋浴器，大家可以在这里排队临时冲洗一下，这个淋浴的淡水应该是用海水淡化处理的，包括冲厕所、洗浴等所需要的淡水。所以，游客也要有节约淡水的意识。

第四，无人岛上的植物都是原生态的，既不能砍伐这些植物，也由于运输成本高而很难移植别的植物过来。另外，铺装也不需要铺设广场砖或石材，保持沙地就可以了。

3. 远离大陆的外岛设计度假酒店的迭代实验

外岛上建酒店选址非常重要，也决定了一个酒店的成败。例如前述的萨瓦岛天堂角度假酒店的天然地理条件非常好：两个小岛中间夹着一片较浅的海域，周边大海风平浪静，可以进行浮潜、划船等各种活动，沙滩极为光滑，一大片让人体验非常好。

外岛根据营销定位的不同，分为家庭岛和情侣岛。接待家庭的海岛酒店会鼓励一家人积极参与酒店的活动，并设置儿童教育及运动室等配套服务设施，以满足不同家庭的需求。但是，在斐济不同的外岛酒店中，由于斐济号称"全球十大蜜月旅游胜地之一"，更多神秘的外岛酒店都是以情侣为主要接待对象的，不欢迎儿童及家庭入住。

4. 海岛酒店开发建设的迭代实验

笔者认为有如下三个要点：

（1）酒店容量与客房数的评估。多少间客房是最合适的？一次性投资多大是合理而有效的？只有做好投资回报率的评估与分析，才能决定是否投资建设。

（2）建设成本的详细测算。如酒店建设结合给水排水、电力管线等基础设施，需要大量投入在看不到的地方，如何去更好地平衡？

（3）突出地域特性，即海岛风情，海岛有哪些与众不同之处？爆点在哪里？优点与缺点有哪些？有哪些挑战与机遇？这个酒店只有做出了这个海岛的亮点和口碑，才会使更多的游客到这个岛来旅游。

（八）运营管理

（1）所有者及管理团队。 丹娜努小镇的管理机构为DCL（Denarau Corporation Limited），其所有者为Tabua投资有限公司、ITT喜来登和斐济太平洋航空公司三家形成的联合体。

（2）盈利能力。 其收益来自于酒店的经营收入、居住区房地产的租售收入、海港码头的收入及商业综合体的收入，用于公共建设、景观维护、交通体系建设、安保投入、生态环保以及慈善活动等。

（3）丹娜努小镇管理机构的远期目标。 丹娜努小镇要发展一系列强大的、富有社会责任感的政策，包括建立一个专用的慈善基金、贡献所有管理者或志愿者的时间、资源和专长到这个特色小镇的建设和发展之中。

（4）近期目标及工作内容。 完善道路设施，如指示牌和路标，以提升安全性。进行景观建设，授权绿化公司维护和改造小镇的公共景观区域。保护当地特有的生态环境，建立绿色垃圾（Green Waste）的管理体系。桥梁结构安全性检查，以确保不出现垮塌的风险。提升医疗水平和墓葬发展计划。在海湾、半岛、溪流等区域疏浚河道和维护水质。向政府提交管理丹娜努小镇的立法，并以本小镇为范本成立斐济特色小镇协会。

（5）安全与安保措施。 丹娜努小镇安保规划中明确制定独立安全评估报告。已与陆路交通管理局联合行动，保障小镇的交通管理和道路安全。针对自然灾害和恐怖袭击等不可预知的风险，已筹建由小镇的居民和员工组成的应急反应团队。管理公司DCL于2017年6月获得了ISO9001:2015质量管理体系认证。

（6）**环境和海滩管理**。丹娜努小镇的管理章程中提出，每个小镇的土地所有者需要负责自家土地面前的海滩区域的常规维护和清洁（不论该区域是否为私人世袭传承的土地、国有租赁土地或地方租赁土地等三种不同的用地性质）。另外，该章程还提出：小镇的所有业主（不论其购买的土地是否为一线海景住宅）需要每年缴纳小镇环境维护基金。该基金用于未来突发海啸和风暴的时候，小镇的管理机构可以建设海岸挡土墙、防浪堤等维护设施。而在平时，小镇的管理机构要维护海岸不受侵蚀破坏。如当前通过主动和被动的方式监测海岸的侵蚀情况，并进行人造珊瑚礁的岩石实验，努力保护整个小镇的生态环境。

（7）**举办活动的许可制度**。丹娜努小镇每年都会举办各种各样的国际体育赛事和文化活动，如斐济国际铁人三项赛、每年的高尔夫球和网球公开赛等。为了保证该海岛小镇的每次活动都顺利完成，组织者必须确保以下措施到位：活动的公众责任保险、交通管理计划、安全计划，包括标准操作流程的停车管理和人流疏散。

该高尔夫球及网球俱乐部主办许多高尔夫球赛，如斐济高端混合赛（Fiji Premium Pro-Ams）、新西兰航空公司里程积分混合赛（Air New Zealand Air Point Pro-Am）等。许多高尔夫慈善比赛募集的资金是用于帮助斐济及南太平洋地区改善医疗环境，帮助和改善无家可归的人、残障儿童及妇女的生活，鼓励公众参与活动并积极捐助款项。

（8）**海港码头的管理**。在丹娜努小镇的商业船舶和乘客运营区，当前有53个商业公司提供运营的航班，包括过夜停靠的游船以及运输旅客到玛玛奴卡群岛和萨瓦群岛的游船。

在游艇中心区，私人游艇通过一个标识明显的航运通道（在零潮汐时约5米水深）进行停泊。根据不同的天气状况，海港码头提供多种停泊方式（最长可停靠长85米、吃水深5米的超级游艇）。在船坞码头上，燃料、水、Wi-Fi、单相和三相功率的电力都可以使用。

海港码头有斐济最综合的海洋维护设施，包括一个50吨的拖船、铲车服务、短长期的游船存放和干态堆积设施。在陆地上有一系列的服务公司，如设计、建造和焊接船只的工作室，水利学工作室，游艇及水上摩托艇的维修工厂，铝型材流线形制作工作室，游艇不锈钢制作，油漆和防污染工作室，潜水和气瓶灌注服务公司等，提供非常全面的服务。

（9）基础设施管理。丹娜努小镇进行了一系列基础设施的建设，如道路、桥梁、景观、河道整治、安全安保措施、环境与海滩管理、海港码头及商业综合体的管理等。

（10）交通后勤管理。要解决交通、后勤等各方面的运营管理问题，保障小镇的道路安全、桥梁结构安全、完善道路指示牌和路标等。

（11）人才培训管理。雇用了大量本地的员工以及世界各地的酒店经营管理人才、海港工程技术人员以及商业经营管理人才。通过多样性的人才，服务世界各地的游客。

（九）转型与坚持

丹娜努小镇要坚持生活场景的营造，提供环境最好的、自然风光绝美的、私密性最佳的居住地和度假酒店，这是让城市人比较向往的生活环境。另外，服务质量需要不断转型，适应不同国家游客的喜好。5G时代，需要使用更多的高科技，带给游客更多的服务。总之对我国的乡村来说，类似上述无人岛一日游的活动是可以在如海南、三沙地区的海岛大力推广的旅游开发模式，关键是要时刻注意保护海岛的生态环境。

雾岛神宫建筑群

二、日本：雾岛乡村小镇

——温泉场景体验

KIRISHIMA, KAGOSHIMA, JAPAN

关键词： 生活场景体验　鹿儿岛　雾岛　温泉　露天"风吕"　怀石料理
高千穗峰

价值点综述：

　　笔者于2017年1月去日本鹿儿岛县的雾岛乡村小镇进行考察。该小镇的爆点在于丰富的地热温泉资源，还有自然风景、建筑历史风情及怀石料理等。通过特色的旅游景点、民宿酒店及露天"风吕"来让游客体验。该小镇对中国的乡村能带来很大的启发，如温泉产业带来与众不同的生活场景体验。

（一）了解需求

雾岛小镇位于鹿儿岛县中部，北侧延绵着被称为"雾岛山"的火山，以其自然景观和有特色的温泉来吸引众多的游客。在雾岛小镇流传着关于日本起源的诸神神话。在该神话传说中，诸神在人间发现了雾中浮现的小岛，便用一根矛倒插在此处作为标记，这就是雾岛山。九位神仙下凡时第一步踏上的地方就是雾岛山的高千穗峰。因此，这里被视作日本历史的发源地。这里有几座千年以上历史的神社，其深厚的文化底蕴在日本国内也是屈指可数的。另外，小镇内还有约9500年前的大部落遗迹（上野原遗迹），它也是了解日本古代历史的重要史料。在1934年3月，雾岛山这一带被指定为日本首座国立公园。

（二）明确定位

雾岛小镇的定位为历史悠久的温泉场景体验。以日本独特的温泉文化（如露天"风吕"）为具有异域风情的爆点旅游项目，并结合极具地域文化特色的寺庙古建筑和乡村老建筑的参观游览体验，让游客印象深刻。

（三）聚焦爆点

雾岛的"雾"之特色：雾岛小镇山顶的雾和冒出来的地热。

雾岛山区始终云雾缭绕，笔者乘车在雾岛山国立公园内游览，在山顶靠边停下车拍摄了山谷中大雾弥漫的照片。而在雾岛小镇中行走的时候，随处可以看到有地热从地下冒出来，特别用管道制作成喷射口在空中形成白色的烟雾，这成为雾岛小镇与众不同的乡村景观。雾岛由于温泉的泉眼很多，所以商家会在人气比较旺的广场上搭个亭子，内部做一个泡脚的温泉汤池。很多当地人或游客付很少的费用就可以坐在足浴池中，一边泡温泉，一边聊天。在这些广场上，除了足浴，还会售卖一些乡土的农产品，如烤熟的红薯和饭团等。

因此，将雾岛小镇的爆点总结如下：首先，温泉体验是雾岛小镇最大的爆点；其次，回归大自然的体验，如森林、溪流，也是一大爆点；第三，特色民宿、酒店的旅居体验与精致细腻的怀石料理所带来的美食体验。

远眺雾岛山脉上的云雾，山顶总是大雾弥漫　　身处雾岛山国立公园的云雾之中

雾岛小镇建筑旁、森林中冒出来的地热

游客在广场的足浴池中泡温泉和聊天　　足浴池边销售红薯和当地乡土特产

（四）设置功能

1. 建筑功能

雾岛小镇的建筑物有着自身的发展规律。小镇的旅游产业非常成熟，旅游设施十分丰富，酒店的数量很多。标准客房类的酒店由于立面体量很大，因此在小镇中很醒目，一般依山就势，选择视野良好、能观海的位置。但小镇更多的是民宿类的建筑物，体量与住宅房子差不多或略大一点，颜色和材质都与周边环境相互协调，掩映在青山绿树之中。

2. 服务设施

雾岛小镇的商业街区及餐饮等服务设施也是与住宅楼相似的规模，没有太大的体量，而是以亲切的尺度、精致的商业和温馨的服务打动游客的。

3. 交通功能

雾岛小镇的车行交通很发达。除了私家车，还有公交车及轻轨等公共交通工具可供使用。由于小镇属于山地，上上下下的，骑自行车不太方便，但步行上下班、跑步锻炼和登山运动的人比较多。火车也是很方便的公共交通工具。如雾岛火车站就是一个很小的火车站，看上去十分简陋淳朴。火车也是类似中国古老的绿皮火车，但有些旅游性质的火车会把车厢表面彩绘成樱花林等有趣的图案吸引游客的关注，很多游客拿出手机拍照并上传社交媒体，这展示了小镇巧妙的口碑营销。笔者在乘坐火车的时候，在车厢中看到一处留言区放着一本留言本，被其中有趣的留言所吸引。留言大多以日文和中文为主，内容都是说九州很好玩，下次还想再来玩之类的话。特别是有好几个乘客画了一些可爱的卡通漫画，充满温情和快乐。这很值得中国乡村的运营部门借鉴，通过让乘客留言的方式形成一系列的口碑营销。如果能用互联网的社交媒体再宣传一下，会给乡村带来更多的参观游客。

雾岛火车站，缓缓驶入的火车

游客在火车上的留言本中，画出了可爱的图画，写下了开心的留言

（五）营造空间

雾岛小镇背靠大山，面朝大海，空间边界与山海互相渗透。其整体规划理念是让各种类型的建筑物有机自然地散布于小镇的不同区域，与绿化互相掩映。大多数都是结合自然元素（如森林、溪流）的民宿、餐厅、咖啡馆等旅游服务设施，整个小镇遵循"生态环保及可持续发展"的理念。

1. 妙见石原庄

这是一个有日本特色的精品酒店。酒店请很多大师做过设计，包括野口勇（Isamu Noguchi）摆的石头、杉本贵志（Takashi Sugimoto）设计的石藏餐厅的室内等。杉本贵志是日本超级土豆室内设计事务所（Super Potato）的设计合伙人，也是无印良品（Muji）的陈设及室内设计师。

妙见石原庄的建筑是一个低调的日本现代建筑。从大门走进去，建筑的外廊整齐地摆放着一排和伞（与中国的油纸伞类似），很能体现日本精致严谨的文化。大堂空间十分紧凑，但却摆放了不少有设计感的艺术品，如花道、石道作品，将室内空间室外化处理，带给游客一种温暖的体验。大堂的端头是一面大的落地玻璃窗，时常有一只猫咪趴在窗边。向窗外望去，可以看见对面的雅叙园（原研哉等人的设计作品）。雅叙园和石原庄之间有条溪流叫"天降川"，沿着溪流的两岸还有很多民宿与酒店。

沿着酒店的内廊可以看到一系列的客房，设计师希望每一个客房都不像一个标准间，所以设计出不同类型而又各具特色的玄关空间。客房内廊的端头有一个小空间，约3米×3米的范围，被称为"围炉铁壶，禅茶一味"。透过茶室的玻璃窗可以看到室外是一个天井，种了一棵梅树，两侧是混凝土的墙体，墙上爬满了爬山虎。游客坐在这茶室里喝茶，看外面的风景，很有意境。围炉是用一整块石头做的基座，表面很光滑，侧面是很自然的肌理。铁壶从上面吊下来，石头里面烧炭，把壶里的水烧开了就可以泡茶。周边是几个有特色的凳子，像榻榻米一样的空间，外围窗户上有一些竹帘，如果太阳太大就可以把竹帘拉下来。墙上悬挂着一个铲土的铲子。这一系列的小细节都设计得非常到位，设计师想表达将自然的和人造的东西进行融合的理念。

　　客房室内的软装非常精致，通过摆放日式情调的绘画作品来体现其品位。将客房阳台上的窗户打开，游客可以看到外面的天降川溪流。客房内白天是没有床的，仅为一个榻榻米，人是可以在里面走来走去，晚上服务人员会将床铺好，白天把它收到橱子中。每日三餐都是服务员直接送到房间里面的。这也是该酒店的特色所在。

　　特别是民宿内廊中特色的灯具，灯光从竹艺编织的灯罩投射到墙上形成美丽的光影效果，这是用光来做设计。在这个酒店的室内空间里会出现不同的灯具，组合起来给游客感觉很丰富，到处都在变化，空间仿佛有了生命一般。总之，妙见石原庄通过精心的设计，将景观、室内及建筑结合起来，把空间做得非常有设计感。

雾岛妙见石原庄的建筑立面，从周边的山上俯瞰

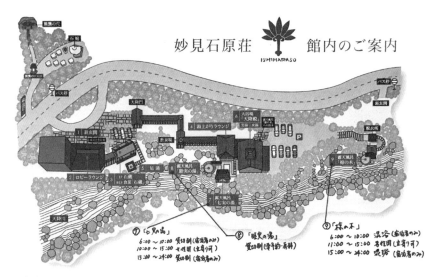

酒店的平面图

① 酒店建筑的出入口

② 酒店外廊摆放一排和伞，一只猫走过

③ 酒店内侧的廊道和客房入口的玄关

酒店里摆放的各种艺术品，体现雾岛小镇的乡土传统文化

民宿内廊的茶室，围炉铁壶，禅茶一味

灯具上面是竹艺编织的灯罩，用光来做设计

民宿客房内的榻榻米空间、床铺、餐厅及阳台

2. 石藏餐厅（设计师：杉本贵志）

石藏餐厅的室内设计做得非常棒，很多的设计杂志刊登过该作品。杉本贵志擅于将夯土墙与木头、石头结合在一起，做出独具特色的室内空间。当夏天太阳照进来的时候，旁边的天降川溪流、树木的影子会掩映在窗帘上。当在里面吃饭，看着外面树影婆娑，心情会特别放松。餐厅中还摆放花道作品，通过剪一点树枝或几支南天竹往花瓶里一插，就是一个很有田园情调的软装作品了。这个餐厅的怀石料理非常有名，菜单上的书法精致讲究，料理的摆盘与美食相得益彰。其实这是把料理也作为一个设计来做，这是"吃的设计"。还有石道，即用不同的石头堆叠起来变成一个室内的景观。另外，通过艺术品的展示，如墙面映刻的图案、灯光的照射等手法来让餐厅体现档次。

在餐厅的室内设计中，杉本贵志将其独特的"堆栈"手法发挥得淋漓尽致，即把类似的东西放在一起，形成序列感和视觉爆点。如餐厅中的墙体是有主题的，将不同年代的照相机堆在一起形成照相机墙，木头堆在一起形成木头墙，陶罐堆在一起形成陶罐墙，把不同的书和钟摆放在一起形成书墙，把各种各样的老家具、老锁、老的器具摆在一起形成了器具墙，把不同颜色的玻璃瓶、老的模型及乐器摆在一起形成乐器墙等。总之，设计师追求非标准化的细部设计，让游客体验到不是冰冷的标准化的东西，而是有温度的度假生活体验。

石藏餐厅的室内

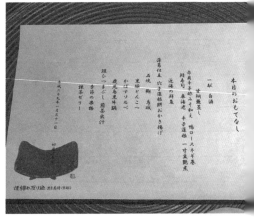

怀石料理及菜单

杉本贵志"堆栈"的室内设计手法

3. 雅叙苑民宿酒店——日式传统农舍结合温泉民宿的意境重现

雅叙苑位于雾岛妙见温泉乡，在天降川边的山谷中，与前述的石原庄酒店隔着天降川相望。酒店于1975年开业，由其主人田岛健夫从日本南九州地区收集了多栋传统的日式农舍民居，整体搬迁于此，再重新组合规划，让这些上百年历史的古民居不规则地遍布山头之上。这里规模不大，只有10间客房，重现了鹿儿岛县雾岛乡村传统的农家风貌。酒店院子里有当地特产的萨摩地鸡，竹篱笆上挂着新鲜晾晒的蔬菜。远远望去，古风茅草屋顶掩映在青枫与野樱之间，袅袅炊烟缓缓飘散，一派乡村田园风光。而茅草屋里却是舒适的客房设施，如每间客房都附带半露天的原石温泉池，在客房中随时可以泡温泉。公共泡池则由20吨的巨石建成，给人一种原始粗犷的自然感。结合温泉对游客的治疗效果，酒店曾被日本媒体评为"日本第一秘汤"。设计师之一的原研哉曾在设计期间深入雾岛体验，并参与酒店的平面设计，这也是他所推荐的日式隐秘民宿酒店之一。

雅叙苑酒店客房的建筑立面　　　　　　天降川的溪流及露天"风吕"

4. 丸尾摘草宿民宿

丸尾摘草宿民宿依山就势，建在一层层往下走的台地之中。建筑设计因地制宜，形成各具特色的空间。民宿共有6间客房，地面一层为接待及餐厅区域，下一层为客房及露天"风吕"区域。其亮点是每个客房都设有温泉泡池。客房的庭院为典型的日式庭院格局，小小的庭院被分割成一大一小两个区域。小的区域为静区，是露天"风吕"的功能，与半室内的泡汤区域相连，游客可以在自己的客房中享受泡温泉的体验。动区用老船木作为铺地，在铺地之间种植几棵大树，可在庭院中散步、喝茶及聊天，空间被大树所覆盖，非常静谧温馨。一片弧形小矮墙巧妙分隔动区与静区、私密与公共区域。与另一户相交接的分户墙体上也有白色窗格，可相互透光，但看不到对方。

5. 具有日本乡村古风的围炉咖啡馆

笔者在天降川溪流边遇到的围炉咖啡馆，采用很古朴也很乡土的烧水方式煮茶与咖啡，对游客来说很新鲜，也很有情调。这值得中国的乡村借鉴，用具有地域性的文化来打动游客，虽然看似很乡土，但是游客体验感很好，有一种原汁原味的效果。

丸尾摘草宿民宿的入口广场、大门

丸尾摘草宿民宿的客房庭院，内有温泉泡池

围炉咖啡馆的建筑立面

围炉咖啡馆具有日本古风的室内格调

（六）体验设计

雾岛小镇的爆点项目如下：

1. 雾岛神宫

雾岛有两处在日本非常重要的文化遗产：雾岛神宫和鹿儿岛神宫。雾岛神宫为祭祀着日本建国神话的主人公琼琼杵尊的古老神社。据推测创建于6世纪，后来由于雾岛群山的火山喷发而被反复烧毁、重建。现在的神宫是第21代萨摩藩主岛津吉贵于1715年在此地捐赠重建的。雾岛神宫以丰富装饰和壮美风姿而引人瞩目。

雾岛神宫的建筑立面

雾岛神宫外围建筑

雾岛神宫的建筑细部

2. 鹿儿岛神宫

鹿儿岛神宫有"日本第一神社"之称，现在涂漆装饰的神殿是第24代萨摩藩主岛津重年公所兴建。正殿的面积在日本木结构历史建筑中排行前五名。春季这里会举办初午祭，跳一种被称为"铃挂马"的舞蹈，热闹非凡，在日本国内都很罕见。

3. 高千穗山牧场

雾岛山一带由火山群构成的自然景观也非常有名。这里有日本海拔高度最高的山顶火山口湖大浪池，雾岛山以最高峰韩国岳为首，包括新燃岳、高千穗峰等20余座火山的总称。其范围一直延伸至相邻的宫崎县，在此地可以欣赏四季的山中美景。

高千穗峰（约1500米）传说是从天界下凡的诸神（琼琼杵尊和其余八位神仙）到达日本第一步踏上的山峰。在其山顶伫立着一个"天之逆矛"的雕塑，代表神仙到达日本用矛所做的标记。高千穗山牧场是景色非常优美的牧场，从牧场顶部眺望台远眺雾岛火山群，视野广阔优美。牧场饲养着牛、羊等动物，它们会给游客进行表演，也是小朋友认识大自然的学习基地。山坡上的接待中心有多种活动，有牛排屋、啤酒屋、咖啡厅等建筑物，以出售各种新鲜的奶制品为特色。小镇当地人经常到这里自驾及爬山，特别在春天樱花季来此地游玩，一路上全是绽放的樱花林，美不胜收。

高千穗牧场及背后的高千穗山脉

牛、羊等牧场动物

牧场自制的食物出售给游客，十分新鲜，生意很好

4. 妙见石原庄和雅叙园的天降川溪流露天"风吕"

天降川溪流周边的自然环境是天然的溪流和森林，有很多地热温泉从河边和石缝中冒出来。设计师根据酒店的选址结合地热做出一系列很有特色的露天"风吕"和泡汤池。例如妙见石原庄的足浴处就是一个1.5米×3.6米左右的小空间，游客可以坐在木板上泡脚，足浴池旁边就是奔腾流淌的溪流。听着哗哗的水声，看着清澈的溪流和两岸的绿树，泡着脚，聊着天，感受着日式乡村生活的美好与惬意。

雾岛小镇的"妙见温泉乡"非常有名，例如妙见石原庄的温泉起名为"黄金汤"。该汤有四五个特色温泉，这些温泉池结合溪流和树林来设计，空间较小，仅可以坐两三个人。设计师通过巧妙地设置一些矮墙做隔挡，挡住外人的视线，但面对天降川溪流处则是打开的，客人坐在温泉池里面可以凝望溪流和森林，很清静，也很私密。由于这些露天"风吕"位于溪流的侧面，穿插于野树之间，因此可以看到有些树是从露天"风吕"的木地板中穿出来，这些野树至少都是四五十年的树龄，感觉墙、树和温泉都融为一体了。还有一些浓密的爬藤从墙缝中顽强地蔓生开来，使得整面墙体都是绿意盎然的。

最后值得一提的是两个景观细部。一个景观细部是从酒店客房一路走过去，会看见一块沙砾石区域上面放了一个纯红色的坐凳，如一个雕塑艺术品。就像中国古代的皇宫用红色一样，当一个地方全部都是以灰色为基调色的时候，突然有一个鲜艳的红色出现是非常重要的隐喻，是一个爆点符号。外围是一排非常细的不锈钢栏杆，由极细的不锈钢细丝和不锈钢片组合而成。这是一个很有禅意的空间，纯红色的椅子、极为现代的不锈钢材料栏杆、栏杆之外是溪流空间，树林和石头以自然状态散布于溪流两侧，展现了传统和现代、人造与自然的融合。另一个景观细部是"廊中虬枝"的做法，一根歪歪扭扭的树枝放置在廊的中部，完全没有承重的功能，而是以装饰风格为主。廊的其余材料都是直线条的建筑木材，这两种材料并置在一起形成强烈的对比，说明了设计师的态度是将非标准化的、自然的东西跟标准化的东西进行并置与对比，隐喻田园生活并非刻板常规的城市生活，会有很多惊喜与特殊之处，需要游客去细细品味和体验。

天降川溪流，温泉的雾气

黄金汤标识

日式红色座椅

去黄金汤的廊道，"廊中虬枝"的细部做法　　足浴池与自然溪流的结合处理

足浴处的美景（摄影师：王丽丽）

从一处露天"风吕"看天降川溪流

一棵大树从露天"风吕"的木地板中生长出来

令笔者印象最深刻的圆弧形的露天"风吕"，一边泡温泉，一边看自然溪流和森林

5. 寻找熊袭穴和犬饲瀑布

　　"熊袭"是古代日本国九州岛西南部的原住民族，生活在今熊本县人吉市附近球磨川上游到今鹿儿岛县雾岛小镇附近。熊袭穴就是在妙见石原庄附近的山林中一个有特色的景点，洞穴内有熊袭族人画的壁画。在寻找熊袭穴的过程中，笔者体验了静谧的森林，最后发现高20多米、气势磅礴的犬饲瀑布，有一种探险的乐趣。笔者查阅资料，才发现天降川起源于雾岛山，注入鹿儿岛湾。当地由于地势峻峭，受水流反复剧烈侵蚀，才形成了深谷。犬饲瀑布的周边，分布有溪谷环绕的出汤之里、新川溪谷温泉乡、和气神社等名胜古迹，自古以来有许多名人到访。

① 朴实的木质标识牌

② 公园入口以木质鸟居符号为大门，
用非常自然的材料和简单的语言来
表达

③ 熊袭穴中的壁画

④ 公园的路旁就是天降川溪流

⑤ 沿着溪流看到高 20 多米的犬饲瀑布

（七）迭代实验

从温泉行业的发展来看雾岛小镇的迭代实验。小镇酒店早期的温泉体验以欧式风格的室内浴场为主，建筑物内部雕梁画栋，但给人很压抑的感觉。随着迭代实验的逐步演进，形成了隐藏于树林、石岸之中的半开敞的露天"风吕"形式，在广受游客好评之后又逐步考虑对景、借景的巧妙性及融于大自然的偶然性，要求"虽由人作，宛自天开"的意境。由此名声大震，游客纷至沓来，带来了丰厚的经济收益。

（八）运营管理

从所有者及管理团队来看，日本整体社会高度成熟，雾岛小镇的管理团队低调谦逊，酒店管理者和民宿主人是运营管理的主体。温泉生意是小镇的爆点项目，一年之中的旺季盈利颇丰。从基础设施管理来看，小镇对地热资源的利用与管理是非常成熟的。这些地热资源对人体有一定的危险性，要保护儿童及工作人员的人身安全。如果在密闭空间内烧炭煮茶也有一定的安全隐患。泡温泉也要注意游客身体的承受能力。所以，周边医疗设施的配置十分重要。从人员培训管理来看，温泉服务、民宿运营、怀石料理、古风咖啡及茶的运营，这些都需要不断学习和提升，人员培训的工作要坚持不懈，而且要有所创新，才能给游客带来更好的体验。

（九）转型与坚持

坚持由地热资源带来的温泉疗养产业，如极具日本特色的露天"风吕"文化，并由温泉产业延伸到游客的美食体验、民宿体验和自然风光、历史古迹旅游，带来经济收益。酒店、民宿、温泉泡汤等的形式还需要不断地转型、尝试创新，让游客得到不同常规的体验。该小镇对中国的乡村能带来很大的启发，如温泉产业带来与众不同的生活场景体验。坚持生态环保的理念，让我们的乡村水更清、天更蓝、树更绿，民众生活越来越好。

米里萨小镇上富有乡土气息的民宿酒店

关键词：海洋体验　米里萨　海边　海钓

价值点综述：

    笔者于2016年6月去米里萨乡村小镇进行考察。该小镇的爆点在于住在安静温馨的乡村民宿之中，白天去参加海钓等不同的活动，晚上与朋友一起合力做一顿美味的晚餐。这样的旅行给游客带来与众不同的体验。该小镇对中国乡村的借鉴价值在于：它告诉我们即使没有悠久历史和文化特色的乡村也可以从自身的特色之中挖掘出一些生活场景的体验，给游客带来难忘的回忆。

（一）了解需求

米里萨小镇位于斯里兰卡岛的南端，距离赤道只有200公里。它令人惊叹的海滩是游客梦想中的热带天堂。这里新月形的海滩是一个可供休息和放松的地方，让游客忘记喧嚣和忙碌的城市。这个热带海滩拥有斯里兰卡最令人惊叹的日出和日落。在空间规划上，小镇大多数民宿酒店都远离真正的海滩，给人的印象是身处一个被棕榈树环绕的岛屿之上。孤独星球对小镇的介绍如下："打开一个椰子，爬上吊床，在微风中轻轻摇摆，让时间（从几小时到几周）平静地流逝。欢迎来到米里萨美丽的新月海滩，这里有很多优雅而朴实的宾馆和餐厅。"

（二）明确定位

米里萨小镇被定位为海边休闲度假地。它不像附近的加勒古镇是世界文化遗产，有悠久的历史，有军事古堡的功能。它就是一个慵懒而放松的地方，游客在海边晒晒太阳，到海里玩玩，安安静静地待着，打发时光。

（三）聚焦爆点

大海及世界一流的海滩是米里萨小镇最大的爆点，但它与其他海滨小镇不同之处在于热带气候和地理所带来的地域特色、独特的气质与文化。另外，在小镇的民宿或酒店中体验放松而平静的生活，也是一大爆点。

（四）设置功能

建筑功能以度假旅游设施为主，如民宿及酒店等。交通功能一方面解决车行和停车的问题，另一方面方便人们在街巷中闲逛与穿行，尺度较小，也十分温馨。服务设施如餐馆、咖啡吧等是供游人们休息、停留及发呆的设施。有大量的当地人在小镇里工作和生活，如繁忙的鱼市就是他们的工作区域，这也让游客可以从旁观者的角度观察他们的生活。

（五）营造空间

整体规划理念是保留完整的沙滩，沿沙滩逐步布置各种餐厅、咖啡吧等休闲娱乐服务设施，在浓密的大树树荫之下隐藏着许多富有当地地域特色的建筑，如自住的房子、度假的别墅、民宿及精品酒店等，都可以借景大海和沙滩，又自然交融在一起，和谐共存。下面以"Handagedara"民宿体验为例。

笔者和团队其他成员在"Handagedara"民宿里住了两天。上午出海去海钓和观鲸，下午去当地超市购物，晚上自己动手，做一顿丰盛而难忘的海鲜大餐。

从建筑设计来看：民宿有两栋小楼，共有15间客房。其中一栋较老的小楼的功能是以接待为主的，并设置其他辅助用房，如厨房、设备房等，二层有三间客房，现在基本给导游、司机休息。新楼为两层，有十多间客房。

民宿酒店的建筑正立面用黄色和白色相间来展示淳朴的乡村效果

从室内设计来看：民宿的新客房楼有上下二层。除了两间家庭房，其余都是大床房。装修很简朴，家庭房就是两张大床，还有一间是大床加一个双人上下铺的儿童床。房间内几乎全部是混凝土材料，甚至连床板都是素混凝土的，上面放一块床垫就可以睡觉了。他们的床基本都要加蚊帐，房间没有太多的装饰物，一张大长桌也是素混凝土制成的。厕所很大，布置一长条台面内嵌两个洗手盆，背后是衣柜及冰箱等设施。洗浴间有一个马桶和大浴缸。这个浴缸也是用素混凝土制作而成的，墙面是黄色涂料（灰色与黄色形成一定的比例）。整体感觉洗浴的空间大而空旷。客房的门窗和橱柜的金属把手显示出厚重的质感和传统的制作工艺。

一个可以自炊的厨房令人印象深刻。这个厨房没有空调，很热。中间为备餐台（整理菜、洗菜、切菜等），操作比较方便。设备很简陋，但丝毫没有影响我们烹饪美食的心情。这是笔者多年旅程之中唯一一次和团队成员一起自己做菜的民宿体验。对游客而言，在国外为一群朋友或家人做一顿饕餮盛宴，真是一辈子难以忘怀的回忆。厨房的上方为餐厅，很有设计感，一跑楼梯走到两层，中间几根柱子支撑屋顶。中部是一张长桌，能坐10~12人，面对面坐着吃饭，这是西餐的室内布置方式，也可以提供给旅行团成员使用。二层的阳台处还有三个餐桌，可以一边吃饭，一边看下面花园中的游泳池。游客都喜欢坐在采光最好、风景也最好的地方。

从景观设计来看：民宿的中心区域为花园，其中的重点是一个长方形的游泳池和前述的二层餐饮建筑。另外，旧楼的接待大堂有一个很小的天井，非常精致。天井的花坛之中种植了一棵造型奇特的树，四角摆放四个陶土坛子。背景为黄色墙面，成为整个绿色植物的图底。

二楼为餐厅的室内空间

民宿大堂天井内种植特色植物，并摆放陶罐

客房楼面向花园的步行道路，可以观赏草坪和游泳池

当地的厨房设施虽然很简陋，但自炊是旅途中难得的体验

摆上满满一桌中式风格的美味佳肴

（六）体验设计

1. 海钓体验

出海海钓是一次独特的体验。这种体验让游人了解到渔民的生活，也让人体会到海钓的无比快乐。应该说，只要有与众不同且有当地特色的体验就会让游客终生难忘，并且口口相传。设计师的作用就是要发掘出游客所需要的体验，然后把这些体验设计并营造出来。

出海海钓的快乐体验

2. 海鲜大餐体验

海钓之后，或去海边大型鱼市采购之后，再用这些海鱼做一顿海鲜大餐，对热爱美食的人来说是最快乐的过程。享受制作美食的过程，享受美味所带来的愉悦的体验。

体验当地海鲜市场，看到各种从海里直接捕捞上来的鱼、虾、蟹、乌贼等海产品

在民宿的厨房里动手做菜，把钓的海鱼、超市买的鸡腿和各种蔬菜一一摆盘，准备烹饪

　　斯里兰卡最有特色的水果是椰子。金黄色外壳，吸起椰汁来特别解渴，非常美味。还有木瓜、杧果、菠萝、西瓜等热带水果都非常好吃。在斯里兰卡这一路的旅程之中，每到一个民宿酒店，主人都会先给游客一杯混合的果汁，以混合椰汁、杧果汁为主，现榨再加点糖，口感棒极了。这就是热带酒店的待客之道，一杯果汁可以消暑降温，化解疲劳，也能带给游客浓浓的暖意。

蔬菜超市中琳琅满目的新鲜蔬菜和水果

3. 海上观鲸

米里萨小镇是斯里兰卡南部海岸的典型代表，是观赏鲸鱼的最佳场所之一，几乎所有类型的鲸鱼都可以在这里看到，虎鲸、抹香鲸、巨头鲸，甚至是世界上最大的动物、鲸鱼之王——蓝鲸。除此之外，游客还可以看到与船共舞的海豚。

（七）迭代实验

如何突出自身的特色？与加勒古镇相比，米里萨同属斯里兰卡南部海滨的小镇，两者的区别就很大，这就需要通过实验来进行民宿酒店的活动内容及形式的迭代升级。如鱼市要有更好的规划，环境不能太嘈杂和混乱，而是可以处理得更加干净、卫生、优美。又如海钓活动的体验过程及故事介绍需要更有设计感，让游客有更好的准备和感受。另外，我们参观一些小型的农庄，在笼子里面关着果子狸之类的动物作为观赏或食用，这些野生动物会传播病毒，建议经营者要有安全防范意识。

（八）运营管理

小镇的所有者及管理团队要避免同质化的民宿、酒店及餐馆的低价恶性竞争，保持整个小镇良好的商业氛围和盈利能力。基础设施及交通后勤的管理要解决饮用水安全、防洪防涝及海啸等安全隐患预警等问题，还有交通拥堵、道路狭窄的问题，也急需对酒店及景点服务人员进行培训工作。

（九）转型与坚持

坚持保护好海洋及沙滩的环境，坚持以沙滩活动为主，如海钓和观鲸都对游客有着很大的吸引力，值得大力宣传推广并坚持做下去。坚持推进民宿及酒店品质与特色的提升，不断推陈出新，才能吸引更多来度假的游客，并成为世界级的旅游胜地。

四、斯里兰卡：埃勒小镇

ELLA, SRI LANKA

——有着"天空之桥"的高山乡村

埃勒的年轻人闲来无事，坐在九孔桥的平台上一直眺望远方，看着每隔二三小时就缓缓驶来的小火车，过着悠闲惬意的生活

关键词：森林体验　埃勒　九孔火车桥　瀑布　晨雾酒店

价值点综述：

　　笔者于2016年6月去埃勒小镇进行考察。大多数游客会选择乘坐高山火车到埃勒小镇，然后中转到亚拉（Yala）或米里萨（Mirissa）。该小镇有着瀑布、茶园梯田和丘陵等自然风景。这里是欧美背包客眼中的徒步圣地，随处可见背着旅行包的年轻人在徒步，耳中传来的是各种口音的英语，仿佛到了某个热闹非凡的欧美小镇。

（一）设置功能与营造空间

从功能上来看，沿山体分布着农家住宅、民宿客栈和餐饮休闲设施。山坡地有一些梯田农地，种植水稻、蔬菜及茶叶。从景观环境来看，这里是纯净天然的高山丘陵，空气很纯净，视线可以看得很远。从山顶上俯瞰，空间是绵延起伏、开阔的；在森林中徒步，空间是私密性的。特色是山地火车，既解决了交通问题，又是游客观赏的景点。

（二）体验设计

（1）森林漫步。 笔者在大树遮蔽的森林中徒步了4个多小时，走过缓缓流淌的溪流，看到森林中的居民小院和菜地，听到各种鸟鸣及松鼠的声音，呼吸着新鲜空间，逐渐走到山顶。在山顶看高山火车飞驰而过，碰到生活在那里的人们。最后在山顶看到瀑布的源头和高低起伏的群山，心情舒畅，充分体验到旅行的快乐。

埃勒是高山乡村小镇，有着广阔的梯田和森林

在埃勒小镇的高山森林中徒步

向导捕捉到一只像枯树枝的昆虫

在森林中看到一个独腿的残疾农夫，坚守在高山农田之中

埃勒最著名的九孔桥和高山火车

这片高山瀑布气势磅礴地流淌而下，发出哗哗的水流声，其源头就在山顶之上

（2）**九孔火车桥**。九孔桥是埃勒到巴杜勒（Badulla）的铁路上一座著名的桥梁，已经有200多年的历史，在僧伽罗语里被称为"天空之桥"，也被誉为斯里兰卡最美的高山桥梁。这座由石块砌成的桥距离埃勒约2.5公里，正好位于一个150度的大弯上，九孔桥因为名气较大而成为埃勒必游之地，有很多游客在这里拍照。

（3）**山谷瀑布的源头**。笔者爬上山顶站在几块巨石之上，发现居然站在了瀑布的源头处。天然的水池积满水之后就从这里往下溢，形成了山下气势磅礴的大瀑布。山谷的远处有许多白色的小房子掩映在森林之中，充满了山地乡村的宁静和温馨。随着黄昏时分太阳逐渐下山，远处的房子开始升起袅袅炊烟，形成一片悠然自得的世外桃源景象。

山顶区域也有一些乡村人家居住，他们将自己的家变成客栈、餐厅、茶室及休息区，通过招揽游客、贩卖商品赚取一些收入。当然，著名的山地火车也会经过这里的，铁轨弯弯曲曲的，火车也晃晃悠悠地开过来，一切都像极了中国20世纪80年代的绿皮火车时代。

埃勒的高山瀑布在山顶的源头,当地乡村的农夫在瀑布源头上乘凉休息

山顶上的小茶室、民宿,主人招呼游客进去消费或住宿

（4）晨露酒店（Morning Dew Hotel）。

从建筑设计来看：这是一座在山上修建而成的白色建筑,其立面分为三段：底部咖啡色碎拼的石材立面、中部白色涂料结合大面积玻璃幕墙、上部各层阳台和栏杆的立面。三段组合在一起,掩映于山脉和天光云影之中。阳台算亮点之一,坐在阳台上可以看日出与日落,非常美。

从室内设计来看：楼为四层,每层三间客房,一共12间。第五层是屋顶平台,可以在上面吃饭,看远山、瀑布和云彩等不同的风景。酒店的公共空间较大,给人感觉略显空旷。而客房比较小,每个房间的空间相对局促。可见其设计的初衷是多布置房间,多增加收入,而忽略了房间的舒适性。其室内设计过于简单,缺少有设计感的细节。

从景观设计来看：笔者问酒店的老板,这个酒店的特色是什么？他回答说,就是这座大山。应该说,森林体验是酒店最大的特色。因为山就在那里,自然环境就是最美的景观。

（5）乡村人的生活体验。埃勒对于当地人来说,是一个理想的高山乡村小镇,他们热爱山区新鲜的空气和连绵不绝的山体森林。在欧美的游客中,埃勒拥有很好的口碑。原因可以追溯到英国在此地殖民的历史时期,埃勒作

晨露酒店的建筑立面

晨露酒店的客房中有着地域　从晨露酒店的阳台往外眺望，可以看到远山、森林和林间的小房子
风格的装饰画

为斯里兰卡山地乡村的典范在欧洲广为宣传。当前，欧洲的杂志在宣传埃勒
的时候对它的描写采用了"surreal"一词，即"超现实主义"的意思。他们描
述埃勒是一个神奇的地方，因为他们曾经看见一只锡兰豹追随着一个本地人
从开满鲜花的森林中走出来。因此，欧洲人幽默地认为埃勒的猎豹已经从它
的野性状态直接进化到"西方的现代化（westernization）"。这从侧面说明
了埃勒对欧洲旅游者的吸引力很大。

（三）运营管理

小镇管理机构的目标是以农耕为主，结合山地自然风光和历史遗迹景点带来更多的旅游收益。从安全保障措施来看，这里的民众十分友善，民风淳朴，游客在这里旅游很安全。从环保措施来看，这里还处于环保意识不足的状态，但污染问题已经开始显现了。

一对父子手捧着几个当地特产的大水果，兴奋地走在铁轨上

火车的乘务员很友好地和游客挥手致意

（四）对中国乡村的借鉴价值

应该说，高山、森林及瀑布，这样的风景在中国也很多。但该小镇成功之处在于以下两点：首先，他们与高山、森林、瀑布和谐相处，大自然与人造景观（如九孔桥）吸引了大量的人流，这说明了景点不在于"多"，而在于"精"；其次，小镇成功的关键在于乡村生活场景是最能打动和吸引人的。这些乡村民众的生活并不富裕，但他们的生活状态很平和，也很快乐，游客能体验到这种平和所带来的正能量。总之，这种生活场景的体验是值得中国乡村管理者们好好学习的。

第三章　实验田

南京溧水区郭兴村无想自然学校的整体鸟瞰，远处是无想山及北侧的城市区域（摄影师：金笑辉）

第一节 中国·南京溧水区郭兴村无想自然学校

——金陵粉黛的乡村之美

WUXIANG NATURE SCHOOL, GUOXING VILLAGE, LISHUI, NANJIN

关键词：自然体验　粉黛乱子草　溧水　自然教育　儿童家庭

价值点综述：

　　笔者从2016年开始对郭兴村进行景观设计。其爆点在130亩的粉黛乱子草花田，是全国最大的粉黛乱子草种植观赏区之一，被称为"金陵粉黛"，结合周边的稻田吸引大量的游客前来参观游玩。其体验设计分为三步走：第一步是保留原有的乡村肌理，第二步是对乡村原有老建筑进行改造并赋予其新的功能，第三步是通过"微更新"让农田成为景观亮点。该乡村对中国其他的乡村很有借鉴意义，它说明了农田是珍贵的土地资源，要思考如何让它产生更大的价值，带来更多的经济收益。

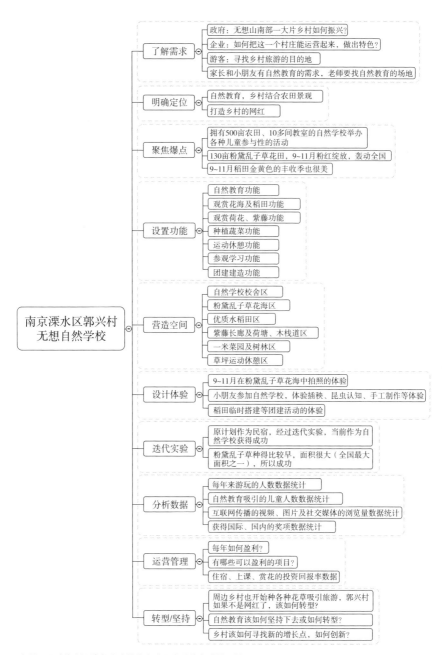

该项目通过体验设计方法论的十个步骤来具体实践的思维导图

（一）了解需求

　　"无想自然学校"这一名称中的"无想"是什么意思呢？这就要从溧水的无想山说起。它的总面积约20平方公里，2015年1月被批准为国家森林公园。无想山历史久远，成名距今已经1200年了。五代十国著名政治家、文学家韩熙载（902—970）在此山中置地筑台，隐居读书，他想到佛家的"无我思想"，就给此山起名为"无想山"。山上有一座著名的古寺"无想寺"，为"南朝四百八十寺"之一，有诗云："山名无想寺因之，寺抱山中境实奇。"北宋著名词人周邦彦任溧水县令时，曾多次游历此山，写下了《满庭芳·夏日溧水无想山作》一词，"风老莺雏，雨肥梅子，午阴嘉树清圆"描绘了无想山的旖旎风光。

　　南京市溧水区无想山国家森林公园山脚下的郭兴村被改造为"无想自然学校"园区，以农业景观为主，将原有村庄（共五户人家的房子）改造为自然学校的校舍，通过乡村大地艺术景观将500亩的农田以点、线、面的景观设计手法有机地结合起来，吸引游客参与集自然教育、亲子活动、餐饮、民宿、骑行、艺术沙龙、书吧、火车餐厅及露营等于一体的体验活动，是当前中国国内已建成的最大规模的田园综合体项目之一。

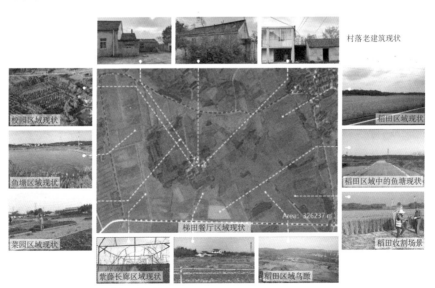

现状分析图（摄影师：金笑辉、俞昌斌）

（二）明确定位

中国乡村遇到的最大问题是什么？应该说，所有乡村共同的问题基本都是人的流失。该如何解决呢？要主动吸引更多的人来到乡村。笔者认为吸引城市的儿童将带动其父母、祖父母及外祖父母六个人来乡村参观游览。由此，我们萌发了创建中国最大的针对儿童的自然学校园区的计划。我们与溧水区政府、溧水商旅集团一起选址，最终确定在无想山脚下的郭兴村创办无想自然学校园区。

设计平面图及效果图（设计师：易亚源境）

溧水副区长张为真亲自为"无想自然学校"揭牌（摄影师：溧水商旅集团）

（三）聚焦爆点

营造人与大自然和谐共处的无想花园——郭兴村位于无想山国家森林公园的山脚下，有着重要的生态文明内涵。

远离城市喧嚣，打造返朴归真的宁静田园——郭兴村有500亩农田，这里的景观设计不能轻易改变农田的属性，重点是如何彰显田园的风采。

重返童年时光，改造为其乐融融的亲子乐园——家长带着儿童来进行自然教育体验，一家人都会在这里有所收获，这是书本上学不到的，是人生非常重要的阅历。

体验乡村生活，创造有地域特色的文化家园——乡村创意农业是以创意为核心，将农产品与文化、艺术相结合，使之产生更高的附加值，输出有地域特色的文化品牌。

南京溧水区郭兴村无想自然学校的整体鸟瞰（摄影师：金笑辉）

（四）设置功能

无想自然学校依托农业资源，打造成具有儿童农事体验、观察动植物、了解大自然等功能的研学基地。其核心是"以自然为师"，让孩子们在大自然的环境中认识自我，培养孩子的观察力、专注度以及意志品质。无想自然学校建成之后，孩子们及其家长可以在这里共同体验有趣的农村生活，自然讲师带着孩子们从书本走向大自然，从各个方面引导他们从自然中获取创造的灵感。南京市溧水区的政府层面也表达了对自然学校的支持，溧水区副区长亲自揭牌"无想自然学校"。我们相信，无想自然学校一定会对孩子们产生潜移默化的教育作用。

孩子们可以做小农夫，赤着脚在水稻田里体验插秧的乐趣（摄影师：溧水商旅集团）

自然学校的课程与活动：昆虫认知、田园餐会、手工制作、采摘水果、露营烧烤等（摄影师：溧水商旅集团）

（五）营造空间与体验设计

1. 保留原有乡村肌理

（1）保留原有水稻田及水面。在原有水稻田中，请南京的农业专家来指导种植优质的水稻品种，即获得全国大奖的南粳46号，以溧水"无想·有溧稻"为品牌，十分畅销。水稻田中有很多现状的水体也全部保护下来，它们在地下是相互贯通的，有着灌溉水源的作用，也让整体水稻田更有肌理感。

（2）保留原有荷塘。"接天莲叶无穷碧，映日荷花别样红""出淤泥而不染，濯清涟而不妖"这些诗句，都表达了荷花美好的寓意。由于荷塘对当地农户有一定的经济收益，所以当改造好这一荷塘后，还是请原来的农户来种植，并专门请来城市里的农业专家帮他们提升质量和产量，让他们得到更多的经济效益。

每年4~5月紫藤花开的时候，游人来看百米多长的紫藤长廊，还有精心设计的风铃作响，很有意境（摄影师：张庆，溧水商旅集团）

（3）保留180米户外紫藤长廊。从李白的诗句"紫藤挂云木，花蔓宜阳春。密叶隐歌鸟，香风留美人"可以看出来，紫藤蕴含着丰富的中国传统文化内涵。户外紫藤长廊为30多年前当地村民种植下来的，当前已成为中国最长的户外紫藤长廊之一，5月紫藤花开的时候可以在廊下拍照片、摆桌布席地而坐、野餐喝酒等，非常唯美，也是一大爆点。

2. 对原有建筑进行改造，让乡村的老建筑重拾魅力

把村民的老宅子改成自然学校的校舍，以保护性修缮为主，对原有村落环境进行整体性利用。按照修旧如旧的原则，保留原有五户人家的老房子的建筑外形，局部整修。尊重老建筑中的每一个老物件，它们也是有生命的艺术品，如我们在入口大堂建筑中保留了老屋的木梁，并保留原有的红色砖墙外立面及灰色瓦顶；其他建筑则形成白墙灰瓦的建筑形态，局部扩建增加玻璃顶。总之，让整个村子体现"新乡村"的建筑风貌，并与自然更加和谐。而且，我们拆除了原来每一户之间的围墙，使之形成一个整体的活动空间。

学校室内设计：无想自然学校的室内家具都采取现代简约风格的产品，强调设计的当代性及舒适度。自然轻松的调性可以很好地融入乡村的大环境之中，同时避免过于厚重或是符号化强烈的家具对窗外的景色形成干扰。

保留原有五栋老房子的建筑外形，拆除各自的围墙，形成一个整体统一的活动空间（摄影师：金笑辉）

原来几栋老房子的外立面是瓷砖的，屋顶也有红瓦和灰瓦，很不协调。改造之后，把它们统一成灰瓦白墙的建筑立面形态（摄影师：金笑辉）

清晨太阳升起，阳光照亮了整个自然学校（摄影师：金笑辉）

原来居住在此地的村民可以成为自然学校的"自然讲师"，他们可以在此工作并获得收入，也乐于与孩子们一起玩耍。

3. 从风景园林学科的角度对乡村进行"微更新"——让农田成为景观亮点

（1）**粉黛乱子草花田**。"谁在江南待花开，半寸相思染粉黛。"从2018年开始，每年9~11月郭兴村130亩成片的粉黛乱子草花田形成粉色的海洋，是中国最大的粉黛乱子草观赏区域之一。在这段时间里，粉黛乱子草这一创意农业带给郭兴村巨大的社会宣传效益和经济效益：2018~2020年每年十一期间都是盛花期，都有十多万人观赏，广大媒体包括央视新闻都宣传播报，使之成为轰动一时的乡村景点。粉色的花田照片在社交媒体上广泛传播，形成了病毒营销的效果，最多的时候一天就产生了500多万的浏览量。

从空中俯瞰近130亩粉黛乱子草花田（摄影师：沈忠海）

粉红色的粉黛乱子草花海和金灿灿的水稻田相映成趣（摄影师：金笑辉）

摄影师给女孩在花田里拍特写照片

一位女孩在粉黛乱子草丛中拍照（摄影师：金笑辉）

一家三口在花田中的白色镜框构筑物里合影（摄影师：张庆）

一家三口在花田中的藤编鸟巢景观小品里合影（摄影师：金笑辉）

三个小朋友在粉黛乱子草花田中奔跑（摄影师：金笑辉）

（2）水稻田做出"二维码"迷宫。笔者特意设计出"二维码"的迷宫图案，并在水稻田中放线，人工收割出上述图案，空中俯瞰就形成了良好的效果。在水稻田中用竹夹板作为铺地和绑扎材料，等迷宫展示完之后再全部拆除，恢复水稻田，第二年继续种植水稻。

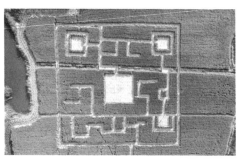

11月水稻田丰收的场景（摄影师：金笑辉）

水稻田做出"二维码"迷宫，提供好玩的自然教育体验（摄影师：金笑辉）

（3）**水稻田增加木栈道**。以水稻田原有的田埂为基础增加木栈道，是提供给儿童进行稻田徒步和自行车骑行的景观设施。这样儿童可以近距离观赏水稻田，而且木栈道两侧安装特色灯具，增加了夜晚观赏水稻田的效果。

以水稻田原有的田埂为基础增加木栈道，是稻田徒步和自行车骑行的景观设施。木栈道两侧安装特色灯具，可夜晚观赏水稻田（摄影师：张庆，溧水商旅集团）

（4）**荷塘增加木栈道**。为了更好地近距离观赏荷花，特别在原有的荷塘中增加了深入荷塘中部的木栈道，并在木栈道两侧设置防护栏杆，保证儿童的安全。这样儿童们可以凑近观察荷花、莲花、藕，水里的青蛙、蜻蜓等各种动植物，这些都是自然教育的素材。

荷塘增加木栈道，儿童可以凑近观察水中的动植物（摄影师：张庆）

（5）增加梯田餐厅。保留原有梯田的空间，在其最高处设计一个木结构和茅草顶的餐厅，可以提供给儿童和家长们聚餐，还可以晚上在这里搭帐篷观赏星空。这些都是充分利用了自然景观的活动场所。

增加梯田餐厅,给儿童和家长们聚餐,还可以晚上搭帐篷观赏星空(摄影师：张庆)

梯田餐厅前种植马鞭草

（6）增加一米菜园及蔬菜集市区域。让小朋友在这里认识并采摘各种蔬菜，如西红柿、茄子、辣椒、花生、黄瓜、豇豆等，这种真实的田野认知是在城市的课堂书本里学不到的。

（7）将一块大水面改造成钓鱼的场所。钓鱼对儿童们来说，是新鲜和好玩的事。不仅是一项有趣的运动，也可以认识很多不同的鱼类和水生动植物。因此，我们将荷塘北侧的方形大水面改造成钓鱼的场所，供孩子们玩耍。除了钓鱼，还可以钓螃蟹和小龙虾。

（8）年轻人参加稻田营造的团建活动。在稻田之中的团建是很特别的体验，如2019年11月溧水团委组织年轻干部在稻田之中参与建造一座木廊架，通过亲身参与搭建构筑物，来体验稻田丰收的喜悦，思考自己能为乡村振兴做什么贡献。

溧水团委组织年轻人在稻田中进行建造活动

年轻人现场搭建木质廊架构筑物

木质廊架结合阳光板和画布，营造艺术氛围

在金黄色的稻田之中，一群年轻人在亲手建造的廊架前合影留念（摄影师：溧水商旅集团）

（六）迭代实验

无想自然学校的迭代实验是不断推出新的乡村旅游内容，除了上述景点的打造之外，还陆续推出了火车餐厅、粉黛露营节等活动，增加曝光度，吸引游客前来旅游，带来更多的经济收益。

（七）分析数据

2020年十一中秋国庆双节期间，"央视新闻"现场直播了"南京百亩粉黛花海"，并登上了微博热搜，阅读量近5000万，视频观看量近200万。微博话题#爱情圣地郭兴庄园#阅读量3000万，讨论1.8万。而且还成功吸引了众多小红书网红主播（KOL）及微博官方百万粉丝大号前来拍照打卡。另外，微信朋友圈、视频号、抖音也同步发布相关内容，曝光量超百万。通过"两微一抖"等互联网的新媒体渠道，有效地推广了郭兴村。

（八）运营管理

在2020年十一期间，南京溧水区一共在中国的互联网上形成了6个热搜和热点，其中"溧水来了都说好"历史性地登上微博热搜榜的第3位。溧水通过运营管理在重大节假日期间形成多个爆点，让其综合网络关注度突破4个亿，具有很大的社会和经济价值。在与全国其他乡村的竞争中，溧水的目标是成为中国最好的音乐乡村、网红乡村及健康乡村。

（九）转型与坚持

本项目的意义在于：第一，通过自然教育等体验活动让城市的人来到乡村，真正改善乡村的经济；第二，通过景观设计（如大片粉黛乱子草花海等）真正改变乡村的面貌，展现了乡村的自然生态之美；第三，"自然教育"和"景观设计"两者相互结合，共同实现乡村振兴。

英国皇家风景园林学会 2019 年度伦敦颁奖场景及俞昌斌在现场领奖（摄影师：俞昌斌，Nick Harrison）

参与人员：

客　　　　户：溧水区副区长张为真、溧水商贸旅游集团有限公司董事长郭斌、
　　　　　　　总经理刘昌红 、孔刚、胡军、余红芬、郑巧云、沈青明、吴帅
景观设计公司：YoungAsianScape Design（易亚源境）
主 持 景 观 师：俞昌斌
参 与 景 观 师：孙迪、毕宏超、王皓、罗仲娥、范永海、潘娟
景观施工单位：南京嘉盛景观建设有限公司
项 目 经 理：钱勇军

2016 年稻田迷宫（摄影师：金笑辉）

2017 年稻田剧场（摄影师：金笑辉）

第一节 中国：上海崇明区乡聚实验田

RICE GARDEN, CHONGMING, SHANGHAI

有审美的乡村，有温度的欢聚

2018 年稻田集市（摄影师：王远）

2019 年稻田摇滚（摄影师：张庆）

关键词： 体验设计　乡村振兴　实验田　崇明　乡聚

价值点综述：

　　首先，乡聚实验田以每年一个主题的稻田活动将风景园林学科推进到农业学科的边界而有所融合和创新。其次，乡聚实验田向当地居民、社区和城市游客揭示了农业土地更多的价值，这有利于人们了解农业的季节动态性和使用多样性。第三，通过乡聚实验田的活动，社区之间产生了相互的联系，实现了人、土地与自然三者的和谐共存，让更多的游客体验到乡村、农业和景观的魅力。上述三点是崇明乡聚实验田对中国其他乡村的借鉴意义。

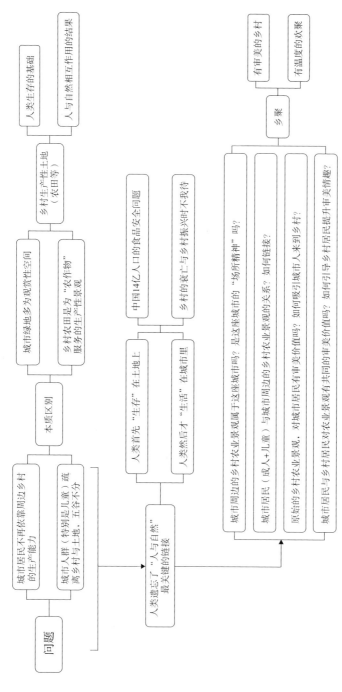

乡聚公社的理念

（一）了解需求

上海作为中国的国际大都市，在过去的30年里发展迅猛，大量的农田与乡村消失了，崇明岛（也称崇明区）成为上海一个真正拥有大量优质农田的乡村。崇明岛有着1300年的农业生产历史和乡村景观，这里生产的粮食在中国是一流的品质。目前，上海市城市总体规划（2017—2035）将崇明岛定位为"世界级生态岛"。

鸟瞰崇明岛（摄影师：金笑辉）

乡聚实验田位于崇明岛中部的建设镇建设村，是由笔者亲自发起的实验项目，占地约2亩，位于一个100亩的高产农业园区的中心。从2016年到2019年秋季，每年举办一届"乡聚实验田"活动，并吸引了同济大学、东南大学、西安建筑科技大学（以下简称"西建大"）的师生前来联合策划与实施各种建筑学与风景园林学的构筑物实地设计与营造活动。

1. 乡聚公社对崇明建设镇建设村民众及游客的采访与调查

通过2019年初对崇明建设镇建设村民众的采访与调查，得到如下结论：建设村一共1297户，2844人。中年男性765人，占27%；中年女性742人，占26%；老年人1244人，占44%；儿童及年轻人93人，占3%。

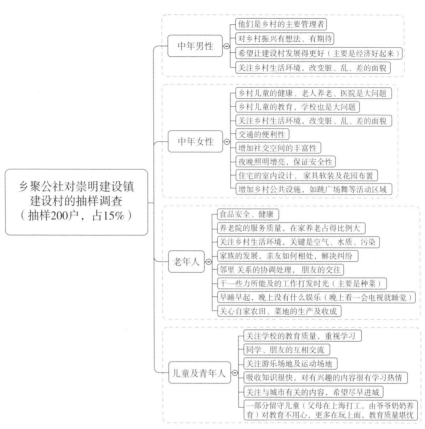

对崇明建设镇建设村的抽样调查分析图

崇明乡聚公社的位置及周边环境（摄影师：金笑辉）

昔日农舍的北立面（摄影师：俞昌斌）

改造好后的崇明乡聚农舍的北立面（摄影师：金笑辉）

清晨崇明乡聚实验田，远处是薄雾笼罩的树林（摄影师：陈路平）

父与子举杯祝贺即将到来的稻田大丰收，这是最好的自然教育（摄影师：金笑辉）

2. 2016~2019年崇明乡聚实验田推导客户的需求

2016年正是民宿风潮最火的时候，笔者认为崇明有民宿的需求，就改造了这个乡间的农舍。由于该农舍面积只有120多平方米，只能改造出两间客房，所以不足以支撑起一个民宿的运营。但是由于这个农舍的建造，笔者开始思考除了民宿之外，乡村是否还有其他的可能性？当时请教很多的朋友和专家，就是想了解乡村到底该怎么做，也是在寻找需求，希望通过了解需求能找出定位，能在乡村做出一些与众不同的东西。

当时笔者在和同济大学的老师交流的过程中，发现他们的学生希望将自己的设计实地营造出来。因为很少有合适的真实项目可以将客户和学生的需求链接起来，所以这就成为2016年崇明乡聚·稻田迷宫的客户需求，也是乡聚公社的突破点，证明了"了解需求"的必要性。

2017年乡聚公社在笔者的朋友圈里面已经小有名气了，朋友们希望能在乡聚吃农家菜，在稻田周边玩一玩，所以笔者分析2017年的需求应该是有一个"稻田剧场"的概念："吃"不同于一般的吃，我们希望大家坐在水稻田里面吃；"玩"也不同于城市里常规的玩，小朋友可以无拘无束地在稻田中跑来跑去，也可以发现各种城市里没有的东西（如鸡、鸭、羊等家禽与家畜），这是城市的家庭及他们的小朋友对乡村最直接的需求。实践证明，2017年的乡聚·稻田剧场非常成功，来参与活动的大人们都满载而归，小朋友也都玩得不愿意离开。

2018年当笔者筹办乡聚实验田活动的时候，还是首先分析参与者的需求，我们的朋友家庭还需要体验什么呢？因为很多朋友已经在我们这儿吃过农家菜，也住过我们的乡聚农舍，所以他们提出来想采购一些具有崇明特色的商品，所以我们当时就迸发出"乡村集市"的创意。那么，家里的大人来集市采购东西，小朋友怎么办呢？而且小朋友才是我们乡聚实验田最重要的体验者。我们继续冥思苦想，突然想到了2017年小朋友特别喜欢爬我们堆在角落的稻垛，他们爬上爬下，特别灵活，也不会受伤。所以我的儿子俞兆鹏提出建议：堆一个大金字塔形的稻垛山，再结合滑梯，这样小朋友就会玩得非常开心。果然如此，2018年的乡聚·稻垛集市也十分成功，稻垛山成为真正的儿童乐园，也成了感人的乡村稻田婚礼的最佳取景点。

2018年11月笔者在西建大风景园林系做演讲，师生们都对崇明乡聚实验田充满了好奇和兴趣。西建大的学生们也有乡村实地设计营造的实践需求，老师们也希望在乡村方面能做出一些有趣的教学工作。所以笔者与师生达成一致，共同实现了2019年7月的崇明乡聚·西建大大暑营造活动。

2019年11月，我们思考小朋友和家长们还有什么需求？因为2019年《摇滚校园》（School of Rock）音乐剧在国内各大城市火爆上演，还有获得奥斯卡大奖的《波西米亚狂想曲》（Bohemian Rhapsody）这部讲英国皇后乐队（Queen）的电影也影响很大，所以我们认为让小朋友们在稻田中进行音乐的表演，发挥他们的天赋和才华，这种在稻田中举办的摇滚音乐会是独一无二的。同时配合稻田音乐会的气氛，我们带着小朋友一起在稻田中扎稻草人，这也是很有意义的体验活动。

总之，分析好需求，才能真正找到合适的定位，这样做出来的乡村创新实践才会有的放矢的。

（二）明确定位

在明确崇明乡聚公社的定位之前，笔者仔细研读过中国城市规划设计研究院上海分院副院长孙娟2017年《"+生态"&"生态+"：崇明岛总体规划编制思考》的演讲文章。该文提出"关注人的核心作用"一节对笔者有着很大的启发：该规划从原来"+新城、+项目植入、+功能策划"的思维，走向关注人在崇明岛未来建设中的核心作用，激发居民来共同建设国际生态岛的热情。"生态+"，首先要"+魅力"，创新岛屿就业、创业等各项政策，有了魅力以后就能"+动力"，凝聚一批有共同生态价值观的人群；然后才能"+农业、+艺术、+休闲、+教育"等，才能加出活力。

另外，复旦大学戴星翼教授的《把握生态岛的本和里》论文对笔者也有很大的启发，他认为崇明岛生态环境的基本特点是土地肥沃和物产丰富，江口、滩涂、乡村就是生态。生态岛应该充满生气，而不是种植寂静的森林。如果对于每一处田园，每一条河流，每一道乡间小路，崇明的管理者都能够花心思去满足城乡民众内心的渴望，崇明岛离"世界级生态岛"就真的不远了。

总结上述两位专家的观点，笔者认为崇明岛的定位是一个典型的乡村型生态岛，不应该在空间上"拆乡村建新城"，而是要尊重自然规律的"+生态"和提升人的获得感的"生态+"。

结合崇明岛的总体规划定位，笔者逐步明确了乡聚公社的定位。我们开始很迷茫：如果我们做民宿，那么遇到的问题是乡聚的房间数量太少，也很小，就是一个乡间农舍，算不上民宿。如果我们做餐饮，那么遇到的问题是我们都不是专业做餐饮的，也缺乏管理的时间和精力。那乡聚公社还能做什么？笔者发现这几年乡聚公社结合建筑学和风景园林学专业的师生实践以及在稻田里面搞文创活动，这是比较有自身特色的创新尝试，应该是乡聚公社到目前为止比较适合的定位。

在风景秀丽的旅游区中的民宿酒店高成本、高投入，对广大的普通乡村没有太多可以参考的价值。而2016年开始的崇明乡聚公社及实验田就是针对上述民宿所进行的一个小型的实验。乡聚农舍并不完美，因为它就只有120平方米，功能仅有一个厨房、一个餐厅、两间客房、一个公共卫生间和一间仓库。但是，崇明乡聚农舍作为一个"微创新的乡村实验"是成功的。它简化了功能，主要目的是探索乡村振兴中原有老房子如何改造和利用。而且它可以复制推广给崇明岛当地的村民，让他们借鉴这些图纸学会如何更好地修缮乡村农舍，村民会逐渐地把自己的家也改造成民宿或其他功能的设施。这样，村民就可以依靠他们自己改造的民宿（或者还是称为"农舍"）有一些收入和盈利，慢慢发家致富奔小康，这才是乡村振兴的意义所在。而田园活动只要有农田就可以创作，以功能为主，不哗众取宠，适合在全国各地的乡村进行推广。所以，我们把乡聚农舍与乡聚田园活动定位为"中国乡村的实验田"。崇明岛并没有莫干山那样丰富而优美的山地旅游资源，它本质上就是一个普通的以农业生产为核心的乡村，因此崇明岛的实验所得到的经验可以帮助乡村民众用低廉的成本快速改造自己的老房子，并结合广泛存在的稻田或麦田等生产性土地设计出有趣的体验活动，让全国众多的乡村成为"有审美的乡村"，让城市来的游客与乡村民众一起体验"有温度的欢聚"。这就是我们乡聚公社的理想和目标定位。

（三）聚焦爆点

1. 乡聚实验田在学术上是将风景园林学科推进到了农业学科的边界而有所融合与创新

通过乡聚实验田，我们关注到一个重要的问题：在乡村向城市转变的过程中，人类与农业土地之间的关系发生了巨大的变化，农业土地除了生产功能之外的贡献逐渐被遗忘。随着城市面积的扩大，城市居民远离农业景观。由于人类社会的不断进步，人们对农业生产性土地的依赖程度逐渐降低。然而，人类必须首先"生存"在农业土地上，然后才能"生活"在城市之中。一般来说，农业景观不同于城市绿地。前者是为农作物服务的，是人与自然相互作用的结果，同时也是人类生存的基础。而后者主要是提供现代城市绿化服务和活动场所。对于我们的下一代来说，很多人五谷不分，他们非常需要了解农业环境、农业美学价值和乡村生活方式。因此，通过乡聚实验田这样的活动来体验农业土地对生活的意义，重塑农业土地的景观价值成为该系列活动的主要目标。

乡聚实验田的活动始终遵循着农耕时代的规律，该活动的建设开始于每年秋天的水稻收获季节。每一次活动结束后，所有的材料都会移走而不破坏农田，以供下一个农业生长季节使用。据2016~2019年的统计，乡聚田园的大米产量分别为约725公斤（2016年）、750公斤（2017年）、1050公斤（2018年）和850公斤（2019年）。

乡聚实验田的活动也进行着跨学科的合作。笔者作为风景园林师，是乡聚田园的领导者，也是规划、设计和施工的领导者。同时，笔者邀请了社会学、生态学、建筑学、经济学、展览、平面设计、摇滚乐队等各方面的专家来共同参与这一系列活动。值得一提的是，从2016~2019年，这些活动都是非营利性的、公益的活动，对所有人（包括游客和集市摊贩）都是免费的。总之，通过乡聚公社这2亩的实验田将为中国的农业土地探索一种创新的方法，这是风景园林学科推进到农业学科的边界而有所融合和创新的小实验。

2. 2016~2019年崇明乡聚公社通过体验活动聚焦爆点

中国乡村可以通过一两个文化活动或节日庆典作为引爆点，带动乡村的发展。这些文化活动或节日庆典可以通过音乐、电影、摄影等艺术的形式来带火乡村，也可以以中国的二十四节气作为线索贯穿一整个年度，这样乡村逐渐成为网红打卡地。下面以崇明乡聚公社为例说明。

2016年的爆点是聚焦在"稻田中的迷宫"。通过迷宫结合学生的艺术装置，吸引小朋友来玩。从空中无人机俯拍可以看出稻田迷宫的整体性效果，有一种"麦田怪圈"的感觉，这也是本次活动带给笔者最大的震撼。而且我们在网上实时发布了一系列从放线到收割，再到割好迷宫路径，最后组装好五个迷宫景点的营造全流程。因此，一下子引爆了网络的关注。

1、镜园
2、闲于山水道
3、网红
4、丝园
5、童心园
6、废弃的电塔，作为精神堡垒

总平面图（设计师：同济大学建筑城规学院 2013 级实验班师生）

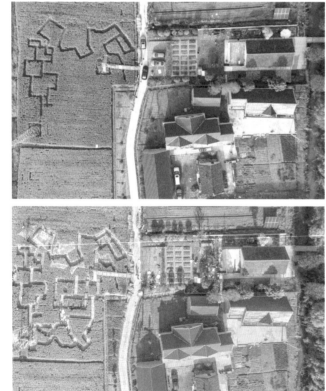

乡聚·稻田迷宫营造全过程（摄影师：张庆，金笑辉）

　　2017年的爆点是聚焦在"坐在真正的水稻田里吃一顿午饭"上。应该说，新鲜、安全、好吃的乡土菜是乡村振兴的重要价值点和突破口。

无人机拍摄的2017稻田聚餐的场景（摄影师：金笑辉）

　　2018年的爆点是在稻田中堆出一个巨大的金字塔，长和宽都有15米，高4米，而且在金字塔顶还举办了一个令人感动的婚礼。"稻田婚礼"是"爆点中的爆点"——郁家俊、施晓春夫妻两人站在稻垛金字塔的顶部往下扔玫瑰花，游客在下面接着，小朋友围绕在他俩的身旁，所有人都祝福他们这对新人百年好合。

无人机俯拍稻垛山造型（摄影师：张庆）

稻田婚礼（摄影师：董垒）

　　2019年7月乡聚·西建大的大暑营造活动的爆点是高校师生通过设计与实地搭建的竹桥为附近老百姓解决了过河的难题，竹亭成为养虾人遮风避雨的场所。而11月稻田摇滚活动的爆点是把稻田跟摇滚音乐会、包豪斯100年等主题结合在一起。

村民与西建大师生共同搭建（摄影师：俞昌斌）

稻田摇滚音乐会（摄影师：金笑辉）

（四）设置功能

　　乡聚公社设置的功能是以儿童的体验活动和自然教育为主，我们有专业的乡村自然老师带领小朋友探索大自然的秘密，了解大自然的运行规律，提倡从小开始学习生态环保的知识。而这在城市的书本、电视或网络中是无法亲身体验到的。

自然教育主题	活动内容	科普知识
生长魔法——种子的一生（3~4月周末营）	种植水稻、特色蔬菜，并提供一份可以带走的植物	植物的成长历程
	午餐自带，野餐	
	亲子踏青，定向赏花，留住花的香气	
	做鲜花纯露	
	寻找田野中可以吃的东西	
黑夜魔法——暗访夜精灵（暑假周末营）	观赏萤火虫、蝉蜕	植物的成长历程
	观赏昆虫，学习昆虫相关知识	
色彩魔法——一百万种绿色（全年都可以）	认识植物的各种颜色，了解植物颜色为什么会有不同	植物的颜色
	植物扎染	
	学会给家里的花染色技巧	
食物魔法——从植物到食物（秋季周末营及对应假日食物制作）	收割采摘体验	中国食文化
	集体制作午餐	
	不同假日制作不同食物（青团、粽子、元宵等）	
建造魔法——孤岛房子诞生记（冬季淡季）	搭建庇护所	野外生存
	学习净化水	
	野外取火	
	野外被困求救的方法	
音乐魔法——世界交响乐（全年）	采集大自然的声音	音频剪辑
	剪辑成乐曲	
	平台发布	
光影魔法——儿童微观自然摄影大赛（暑期7~8月周末营）	手机围观摄影培训	手机摄影
	营地围观摄影	
	上传手机摄影作品进行评选和奖励	
自然魔法——回归荒野夏令营	蔬菜辨识，食用方法学习	观星课堂，绘制星象图
	采摘蔬菜，动手制作野餐	
	负重远足，绘制远足地图	
	埋锅做饭，野外生火	
	露营术初体验	
	简易捕鱼工具制作	

乡聚公社设置的自然教育功能

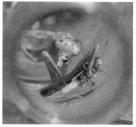

绿蜘蛛隐藏在红花之中　　　　螳螂吃蚱蜢　　　　　　　绿青虫和蝴蝶

（五）营造空间与体验设计

2016年乡聚·稻田迷宫的空间营造是以同济大学建筑城规学院2013级复合型创新人才实验班17位同学（当时为四年级上学期）的风景园林设计课程的形式来完成的。他们在学校进行23天的课程设计，最后一天以现场营造的方式提交设计成果，他们分别营造了"糸园、童心园、网红园、闲于山水道、镜田"等五个主题的子空间，组合在一起共同形成一个大型的稻田迷宫，从空中俯瞰非常震撼。

乡聚·稻田迷宫的参与者们（摄影师：金笑辉）

糸园与稻田融合成一体，还有蒲团、竹竿及纱布等装饰品（摄影师：金笑辉）

小朋友玩糸园里的秋千，背后是夕阳西下的场景（摄影师：该设计团队）

左 - 糸园里秋千的细部做法；右 - 糸园里被纱布遮挡的竹编路径（摄影师：俞昌斌）

本地村民帮同学们一起制作童心园细部（摄影师：金笑辉）

童心园中的稻草人（摄影师：俞昌斌）

左 - 童心园稻田路径中的小细节（竹、木及绳索）；右 - 童心园稻田路径中的木桩（摄影师：俞昌斌）

无人机航拍网红亭（摄影师：金笑辉）

竹构架建成实景（摄影师：俞昌斌）

白色渔网拟"山"，稻田拟"水"；渔网中悬挂气球和闲鱼，因而得名"闲于山水道"（摄影师：金笑辉、俞昌斌）

小朋友在镜田里面玩；在镜田的构筑物顶部展示乡聚公社生产的大米（摄影师：俞昌斌）

左 - 同学们制作的电力铁塔的模型；右 - "RICE GARDEN"圆形匾额挂在铁塔上的效果，夜晚会发光（摄影师：俞昌斌）

2017年我们决定不再重复做2016年的迷宫，最重要的原因是迷宫的施工要花很多的人力、材料和时间，我们希望有新的空间形式可以突破，所以2017年的主题定为"乡聚·稻田剧场"。我们在稻田中挖了一个直径16米的圆，让二十个家庭在稻田里聚餐和画画。这其实是一个在空间上做"减法"的过程，让人看一眼就能聚焦爆点。那一天乡聚田园成为不同社群聚集、互动、交流的场所。

本次稻田剧场的建设过程，从完整的稻田到割出一个聚餐的圆形及大家一起聚餐、绘画的场景（摄影师：金笑辉）

1. 稻田中的长桌宴
2. 儿童绘画的区域
3. 稻田光绘
4. 与鸡和羊玩的区域
5. 稻草铺设的步行道路
6. 废弃的电塔,作为精神堡垒

总平面图（景观师：乡聚公社及同济大学
建筑城规学院师生）

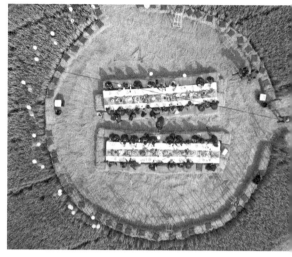

在金灿灿的乡聚实验田中聚餐（摄影师：金笑辉）

稻田童画（摄影师：金笑辉）

蔬菜瓜果，都成为绘画的工具（摄影师：陈远，俞昌斌）

稻田游戏（摄影师：陈远）

十多个儿童及父母在夜晚乡聚稻田中带着发光手环行走或奔跑，形成乡聚稻田光绘效果（摄影师：俞昌斌）

　　2018年的稻田空间从平面图上看是在稻田中央挖出一个正方形，从立体上看是一个用稻垛堆起来的金字塔，在稻垛金字塔的南侧增加了一条蓝色的滑滑梯，在东侧插入一个木结构的廊架，这共同形成了稻垛金字塔空间形体的丰富性。实践证明稻垛山上的滑滑梯是小朋友们最集中的地方，也是他们最爱玩的区域。乡聚实验田拓展了农产品销售的功能和农村现代社会生活的体验。

乡聚稻田集市从放线到建成金字塔，到最后的稻田集市活动（摄影师：郁家俊，王远）

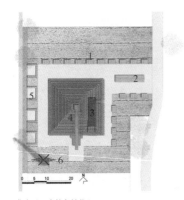

1. 集市（17个特色摊位）
2. 儿童绘画的区域
3. 稻田木谷——金字塔入口处
4. 稻垛金字塔及滑滑梯
5. 与鸡和羊玩的区域
6. 废弃的电塔，作为精神堡垒

总平面图

志愿者和嘉宾一起手拉手形成箭头造型，寓意大家共创乡村美好的未来（摄影师：王远）

儿童快乐地玩着滑滑梯（摄影师：沈文，张庆）

东南大学韩晓峰副教授设计的稻山木谷的建筑细部（摄影师：张庆）

稻田集市中 17 个具有崇明特色的集市摊位（摄影师：程一帆）

各位摊主摆摊售卖的商品（摄影师：程一帆，熊有田负责人范建国）

乡村大厨现场制作崇明糕（摄影师：沈文）

农田边的鱼塘钓出的鱼（摄影师：沈文）

现场烧烤崇明特产白山羊（摄影师：董垒）

崇明当地的甜芦粟（摄影师：沈文）

乡聚公社种植的芋艿与收成的芋头（摄影师：沈文）

　　2019年7月的乡聚·西建大大暑营造，是由乡聚公社联合西建大风景园林学系的师生们共同完成的。他们共花了10天的时间在现场设计和搭建了三个空间，分别为竹桥、竹亭和森林迷园，最终呈现出完美的效果，并开放给周边乡村的民众使用及儿童游玩体验。另外，11月的乡聚·稻田摇滚是在稻田中央挖出一个类似"大眼睛"的椭圆形图案，中心为圆形的舞台让乐队在上面进行摇滚音乐会的表演，观众坐在稻田中的座椅上观看。我们还特意用稻草搭建了一个高6米的柯布西耶模度人，作为对2019年"包豪斯（Bauhaus）100年"的致敬，也是对小朋友的建筑艺术启蒙课。

竹桥模型　西建大师生和乡聚公社俞昌斌及村民一起在造好的桥体上合影（摄影师：西建大师生）

由白鹭的形态演绎到亭子的形态（设计师：西建大师生）

鸣翠亭建好之后，同学们、老师及游客都亲自体验（摄影师：西建大师生）

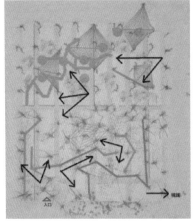 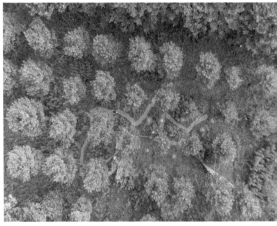

森林迷宫布局平面的视线分析图

空中俯瞰森林迷园（摄影师：西建大师生）

乡聚稻田摇滚活动从放线到建造出图案，再到顺利举办活动的全过程（摄影师：郁家俊，张庆）

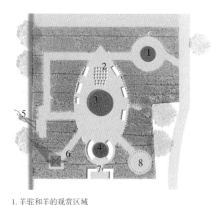

1. 羊驼和羊的观赏区域
2. 稻田中的观众席
3. 稻田中的摇滚舞台
4. 稻田中扎稻草人的区域
5. 6.5米高的稻草巨人
6. 废弃的电塔，作为精神堡垒
7. 活动的出入口
8. 鸡兔同笼的区域

总平面图（设计师：俞昌斌）

模仿柯布西耶模度人所制作的稻草巨人（摄影师：董垒）

俞昌斌模仿皇后乐队的主唱佛莱迪·摩克瑞（Freddie Mercury）在 1985 年拯救生命（Live Aid）演唱会上的造型（摄影师：秦培峰）

幻秩乐队的表演（摄影师：胡蕾）

大象乐队的原创音乐表演（摄影师：龚雪）

"大眼睛"造型收割的稻草供扎稻草人的亲子活动

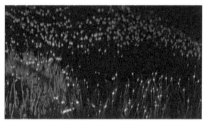

夜光文创团队用激光投射到稻田之中，形成彩色摇摆的稻穗在摇摆，艺术气息十足（摄影师：夜光文创MOOOON 团队）

　　总而言之，这些活动的目的就像电影《遗愿清单》中的清单第一项："出于善意，帮助一个完全陌生的人。"乡聚田园的主要目的就是为朋友及陌生人（来自城市的游客和建设村的其他村民）提供尽可能多的来自农田土地的快乐。

乡聚公社的老宅在中心，被周边百亩农田所围绕。西侧 2 亩水稻田就是我们不断变化主题的实验田（摄影师：董垒）

（六）迭代实验

2016年开始的稻田迷宫是一次对乡聚公社意义重大的实验。通过这次实验，我们寻找到自己的方向，即：我们不是要做民宿，而是要进行一系列的乡村体验活动，聚焦在设计、艺术与乡村的结合上形成爆点。同时这也是一系列"产学研一体化"的实验，不仅对高校老师有教学科研的意义，而且对学生未来的职业发展也有着启蒙作用。

2017年的稻田剧场是继2016年稻田迷宫之后的第二次实验，因此我们希望尝试新的目标客户，不再是高校的师生群体，而是我们身边对乡村有兴趣的朋友们，吸引他们到乡村来体验生活，实验的目的在于探索对乡村最有价值的活动到底是什么样子的。

2018年的稻田集市是乡聚公社第三次具有转型意义的实验，因为只通过口口相传就有200多人来参加活动。稻田集市对崇明本地的摊主而言，收获了不少热心的顾客，他们以后可以继续通过互联网进行网上销售；对于来玩的朋友而言，则度过一个温暖而悠闲的秋日周末，特别是那些玩疯了的小朋友们都爱上了这片与城市完全不同的乡村和水稻田。这次实验充分说明了乡村对城市人是有吸引力的，关键在于我们要发掘城市人的痛点，做出乡村的爆点。还有，我们对乡村的关注点始终着眼于乡村的人物，他们对人生的追求以及他们如何参与乡村振兴，如稻田婚礼就是特意为崇明建设镇的郁家俊、施晓春夫妇举办的婚礼仪式，这也是我们这次实验的最大收获。

2019年的乡聚·西建大大暑营造与2016年的稻田迷宫有一点类似，区别在于有更多的高校从不同的城市来到上海崇明岛与我们一起携手进行乡建实践，这体现了崇明岛作为乡村的实验示范区将有着重大的意义。同时乡聚农舍作为实践的基地是真实的乡村场景，有乡村的民众居住在附近，基地内有稻田、菜园、鸡舍、田埂、河流以及森林供高校师生结合创意来设计及营造，它能更好地为大学师生进行配套服务，包括请周边的厨师来做一日三餐的乡土农家菜、乡村创业者郁家俊及管家老贾的施工配合、当地乡土材料的采购以及施工人员的参与，这些综合因素都是乡聚公社的优势，也是吸引广大的高校师生前来进行设计营造的基础。

2019年乡聚·稻田摇滚是笔者首次介入音乐等艺术领域的实验。因为音乐、舞蹈等艺术形式对场地、设备等的要求较高，因此乡聚公社在前几年都不敢尝试，但这次效果还不错，这也鼓励我们要对新的方向进行大胆的实验。

（七）运营管理

下面以崇明乡聚公社为例来进行追问五个为什么（5 Whys）：

发现问题	对应的解决对策	再深入提问
一个老客户不来了	所以要分析他不来的原因	为什么他最近不来了
因为他最近老投诉，但是问题并没有解决	所以要分析他投诉的原因	为什么他最近老投诉
因为他觉得环境差了	所以要分析环境变差的原因	为什么环境变差了
因为乡聚农舍的北面养了一大群鸡	所以要分析邻居养鸡的原因	为什么靠着我们的农舍养这么多鸡
因为邻居急于想让住在乡聚农舍的客人看到他的鸡，并来买他的鸡	所以要分析邻居卖鸡的原因	为什么邻居急于想要卖他的鸡
因为邻居已经投入大量的资金，卖不掉这些鸡的话，今年会有严重的亏损	所以我们可以与邻居协商，在不影响农舍环境的前提下，共同卖鸡等农副产品，合作双赢	

乡聚公社追问五个为什么

我们发现最初的问题"一个老客户不来了"，通过追问"五个为什么"调查根源性原因是邻居养鸡离我们的乡聚农舍太近了，使环境变差，客人就不愿意再来住了。对策是与邻居协商，在不影响农舍环境的前提下，共同卖鸡等农副产品，大家合作双赢。通过一段时间的运营之后，双方评估发现农舍的客人又回来住了，还顺手买几只鸡回去吃。由此模式可以延伸到与乡村其他邻居的合作，使这种模式"标准化"，如共同卖菜、卖崇明糕、崇明大闸蟹、白山羊肉等，把整个建设村的民众都带动起来，大家一起发家致富。

（八）转型与坚持

2017年与2016年相比，乡聚公社的转型是不再以设计和建造作为乡聚实验田的主体，而是更强调"体验设计"，即以"为儿童做设计"的实验田主题。在细节方面，我们更多地考虑如何节约成本，不断地优化方案。如与主题不太相关的东西或装饰基本都是浪费，一定要把它们都砍掉。

（九）社会影响

近年来，乡聚实验田在欧洲国家的风景园林学会中获得了一些奖项，带来了越来越大的社会影响。除此之外，在中国的社交网络上，乡聚田园的活动视频、文章和照片的总浏览量已经超过了500万次。如2018年我们的稻田集市活动视频上网仅3天就突破100万的浏览量。在2018年11月的英国皇家风景园林学会颁奖礼（Landscape Institute Awards）上，乡聚实验田（Rice Garden）荣获杰出国际贡献奖（Dame Sylvia Crowe Award for Outstanding International Contribution to People, Place and Nature）。2019年乡聚实验田入选第22届意大利米兰国际三年展（主题为"破碎的自然——设计为人类生存"，Broken Nature: Design Takes on Human Survival），笔者受邀亲赴米兰参加中国馆的论坛演讲。这些都是国际相关专业人士对乡聚实验田的认可。

英国皇家风景园林学会2018年度伦敦颁奖现场及乡聚团队金笑辉在现场领奖（摄影师：金笑辉）

俞昌斌受邀亲赴米兰国际三年展，参加中国馆的论坛演讲

（十）对中国其他乡村的借鉴价值——人、场所、自然三者的和谐共生

人：建造乡聚实验田的工人是当地的村民。在每年的水稻收获季节，乡聚田园为他们提供了一个提高收入的机会，当地和城市的家庭也真正被吸引来参加这个活动。

场所：城乡之间的社区通过乡聚实验田很好地链接在一起。也就是说，在不破坏原有农田的前提下，以乡聚实验田的形式有效地促进了崇明建设镇的农业旅游。

自然：基于低干预和不破坏农田的原则——乡聚田园使用乡土材料和临时性的材料，如竹子、稻草和布等。

2016年乡聚·稻田迷宫参与人员

乡聚公社：俞昌斌、陈远

乡聚公社团队：郁家俊、倪俊、宋汉忠、陈美娟、顾施忠、吴爱华、梁阿姨

同济大学建筑城规学院2013级实验班同学（共17人）：王旭东、朱玉、王劲扬、王兆一、鲁昊霖、花炜、陆奕宁、高雨辰、周雨茜、何侃轩、罗辛宁、张晓雅、黄舒弈、冯田、田园、陈路平、陈俐

同济大学景观学系指导老师：董楠楠副教授、杨晨助理教授、任震

专家点评：杨晓青、Harry den Hartog

建设村领导：刘军华书记

施工技术指导：俞国刚

摄影、摄像团队：金笑辉、张庆、秦培峰

2017年乡聚·稻田剧场参与人员

主办方：乡聚公社

嘉宾（为了保护隐私，小朋友称呼小名）：

鹏鹏、俞昌斌、陈远一家；马千里；屈冰、董楠楠；樊嘉雯；

胡抒含；张昌夷、胡倩倩、陈强；符思熠；

桥桥、杨晓青、吕炜一家；茅岚；小可、小爱、蒋竞、潘娟一家；

米乐、刘庆、银子一家；沈洋；丁歆、刘宇楠；

权权、慧慧、管敏一家；管超；季彩云；小美、小好、陈展辉、薛洁一家；

杜薇、金辉、Alex、赵欣楠、王颖瑾一家；黄仁志；金笑辉；

贾云、罗强夫妇；清清、刘军华、张金红一家；宋汉忠、陈美娟夫妇；

兔兔、王小二一家（割稻阿姨家庭）；亮亮、王宇欣及爱人一家（养羊家庭）。

工作人员：

乡聚公社：陈远、俞昌斌、朱一峰、孙文昊

创意支持及视频制作：杨晓青 上海大观景观设计有限公司总设计师

美术教师：刘娜、黄仕波及6个小朋友家庭

崇明电视台：魏广超、张志豪

气球布置：杨存瑞

急救医生：顾昱雯

餐饮及施工团队：郁家俊、施晓春、杨丽燕、沈惠苏、樊玉兰、盛美娟、杨曦囡、陈菊丽、倪正香、王惠娟

2018年乡聚·稻田集市参与人员

主办方：乡聚公社 俞昌斌、陈远

同济大学上海校友会

创意支持及视频制作：杨晓青 上海大观景观设计有限公司总设计师

木构建筑：韩晓峰 东南大学建筑学院副教授、香港中文大学建筑学院客座教授及团队（助理——罗叶红、Diego Puja（印度尼西亚）；木匠——朱怀冷）

集市策划：邱灿华 同济大学经管学院副教授及研究生李姗姗、李维

施工指导：郁家俊 上海焱锐新能源科技有限公司及施工团队（王小二、樊玉兰夫妇、倪锦娟、倪正香、陆小陆、杨惜囡）、夫人施晓春

环艺设计：蒋静璇 同济大学创意设计学院环境设计学生

现场乐队：幻秩乐队（The Fantasy Rule）——同济大学学生社团（主唱和主音吉他——朱子墨；贝斯；费思量；键盘——阮笑森；节奏吉他——林钰翔；鼓——颜锐杰）

美食顾问：贾云 上海冬启实业有限公司 执行总监

摄影摄像：王远、董垒、程一帆、张庆、黄仁志、秦培峰、郁家俊、崇明电视台朱敏欢、黄天奇等

法律顾问：王卫东 上海融力律师事务所合伙人

美术指导：刘娜、倪恒恒、马翠红、吴雯雯 上海昕珏文化传播有限公司（涂来涂去美术中心）

志愿团队：万甜、钱诚、张春燕、谢倩、胡蕾、曾义维、钱浩、周译华

摊主名单：宋荣耀、范建国、胡艳平、倪俊、清风、谭梁、潘娟、熊锋、杨赛萍、陈帅俊、胡春娥、张泰清、张珺琳、赵玉鸽、黄芸芸、施慧、龚雪、赵雪松、晋雪纯、雷盛瑶、韩晓峰等

2019年乡聚·西建大大暑营造参与人员

乡聚公社：俞昌斌

西安建筑科技大学风景园林系指导老师：董芦笛教授、武毅副教授、陈义璘讲师

西安建筑科技大学风景园林系2017级同学（共12人）：吴佳华、刘婧方、雷璇、徐宇欣、毋斯侬、罗伍春紫、刘卓灵、宋逸霏、张逸月、陈泽、许保平、孙天一

助教：王丽平、陈泽宇（为董芦笛老师的研究生）

乡聚公社团队：倪俊、郁家俊、贾胜武、宋汉忠、陈美娟、顾施忠、吴爱华、梁阿姨、肖厨师、谭梁

2019年乡聚·稻田摇滚参与人员

总策划：俞昌斌、俞兆鹏

创意支持及视频制作：杨晓青 上海大观景观设计有限公司总设计师

志愿者：焦健、胡蕾、顾贝妮、饶非儿、蔡建港（YoungAsianScape Design易亚源境）

施工总监：郁家俊

脚手架团队及爬塔人员：上海藤竹建材有限公司

无限乐队（Infinity Band）：杨燕Chris（吉他）、杨萱萱Shirley（尤克里里）、马正侃Kan（键盘）、曾欢Jane（尤克里里）、石悦然Susie（尤克里里）、糜俊豪Eric（架子鼓）

幻秩乐队（The Fantasy Rules）：朱子墨（吉他&萨克斯）、周江航（贝斯&主唱）、孙煜贤（键盘）、颜锐杰（鼓手&主唱）

大象乐团（Band of Architects）：王彦(主唱)、倪帅（吉他）、陈伯良（吉他）、邢影（鼓手）、沈利盛（贝斯）、王梓（吉他）

音响设备提供：黄欣依

扎稻草人创意：陶明江、朱育宏。团队名称：上海骏轶文化传播有限公司。团队成员：张倩怡、包娜、王千慧

摄影师团队：金笑辉、张庆、董垒

摄像师团队：秦培峰、陈聪铸

乡聚管家及邻居志愿者：贾胜武、贾珍、梁阿姨、小顾夫妻、陈美娟、倪俊

稻田舞蹈：薛洁

萌宠乐园羊驼：任栋

灯光秀：夜光文创 MOOOON

在本书的结尾，笔者希望回答两个问题：第一，"中国的乡村"到底是什么样的？第二，某些乡村管理者问笔者，你这本书所写的体验设计方法论怎么能确定对乡村振兴的工作有用呢？

关于第一个问题，我实在无法给"中国的乡村"一个准确、严谨而不过时的定义。我相信它是一个不断创新与变化的概念，当前急于定义它也为时过早。但是，我认为东晋陶渊明的《桃花源记》所描绘的中国乡村的模样，有着中国传统文化的底蕴和内涵，千百年都不会过时。

"缘溪行，忘路之远近。忽逢桃花林，夹岸数百步，中无杂树，芳草鲜美，落英缤纷。渔人甚异之，复前行，欲穷其林。林尽水源，便得一山，山有小口，仿佛若有光。便舍船，从口入。初极狭，才通人。复行数十步，豁然开朗。土地平旷，屋舍俨然，有良田美池桑竹之属。阡陌交通，鸡犬相闻。其中往来种作，男女衣着，悉如外人。黄发垂髫，并怡然自乐。"

这段经典而唯美的文字点出了许多能代表"中国的乡村"的关键词：如溪流湖泊，以桃花林为代表的特色乔木、灌木树林，以"芳草、落英"为代表的草地、地被、花卉等植物形态，山谷与光代表了从幽闭到豁然开朗的探秘空间意境，最后是平坦开阔的农田土地、整齐干净的房屋建筑、田埂道路阡陌纵横，"良田、美池、桑竹"等一派农耕田园的氛围，男女老少在耕田劳作，鸡犬等家禽牲畜也一起怡然自乐地享受田园生活。这样美好的乡村应该是永远铭刻在中国人心中的理想的田园生活，我们相信在未来的某一天一定可以实现，也希望能通过体验设计的方法论来实现。

还有一句话，也是深刻影响本书写作的一句话，是习近平总书记在2013年12月中央城镇化工作会议上所说的话："让城市融入自然，让居民望得见山、看得见水、记得住乡愁。"这句话与《桃花源记》所描述的场景融合在一起，让我们看到了未来中国的乡村呈现为一幅立体的画卷和美好的蓝图，也共同回答了什么是"中国的乡村"这一个问题。

关于第二个问题，乡村管理者的确会关注本书的体验设计方法论是否可行，是否有成功的案例。笔者认为，每个成功的乡村都有他们自己的秘诀。本书的意义不在于读者是否生搬硬套书中所描述的方法论和案例，而在于读者开始用心思考该用怎样的方法来解决自己乡村的问题，这就是迈出了乡村振兴成功的第一步。

笔者最后用两句名人名言作为结尾。现代管理学之父彼得·德鲁克（Peter F. Drucker）说："没什么比高效地做一件根本不该做的事更加徒劳的了。"世界著名的质量管理专家爱德华兹·戴明（W．Edwards．Deming）博士说："建立量化的目标并非关键，而是寻找达成这些目标的方法。"

俞昌斌

2020年10月于上海

[1] 蕾切尔·卡森. 寂静的春天[M]. 马绍博，译.天津：天津人民出版社，2017.

[2] 俞昌斌. 体验设计唤醒乡土中国——莫干山乡村民宿实践范本[M]. 北京：机械工业出版社，2017.

[3] 费孝通. 乡土中国[M].北京：人民出版社，2015.

[4] 费孝通. 江村经济[M].北京：商务印书馆，2001.

[5] 陆铭.大国大城[M].上海：上海人民出版社，2016.

[6] 艾·里斯，杰克·特劳特. 定位[M]. 谢伟山，苑爱冬，译. 北京：机械工业出版社，2010.

[7] 山下英子.断舍离[M].贾耀平，译.长沙：湖南文艺出版社，2019.

[8] 简·雅各布斯. 美国大城市的死与生[M]. 金衡山，译. 南京：译林出版社，2010.

[9] 兰德里. 创意城市：如何打造都市创意生活圈[M]. 杨幼兰，译. 北京：清华大学出版社，2009.

[10] 凯文·林奇. 城市意象[M].方益萍，何晓军，译. 北京：华夏出版社，2001.

[11] B. 约瑟夫·派恩，詹姆斯·H. 吉尔摩. 体验经济[M]. 夏业良，鲁炜，等译.北京：机械工业出版社，2002.

[12] 张凌燕. 设计思维——右脑时代必备创新思考力[M]. 北京：人民邮电出版社，2015.

[13] 俞昌斌. 源于中国的现代景观设计：空间营造[M]. 北京：机械工业出版社，2013.

[14] 俞昌斌，陈远. 源于中国的现代景观设计：材料与细部[M]. 北京：机械工业出版社，2010.

[15] 西蒙兹. 景观设计学——场地规划与设计手册[M]. 朱强，俞孔坚，王志芳，译. 北京：中国建筑工业出版社，2009.

[16] 汤姆·凯利，乔纳森·利特曼. 创新的10个面孔[M]. 刘金海，等译. 北京：知识产权出版社，2007.

[17] 埃里克·莱斯. 精益创业[M].吴彤，译. 北京：中信出版社，2012.

[18] 杰弗瑞·莱克. 丰田模式：精益制造的14项管理原则[M]. 李芳龄，译.北京：机械工业出版社，2016.

[19] 大岛祥誉. 麦肯锡工作法：麦肯锡精英的39个工作习惯[M]. 朱悦玮，译. 北京：北京时代华文书局，2015.

[20] 雅各布斯. 普罗旺斯最美乡村：接近无限温暖的旅行，去法国最法国处[M].白华荣，译.广州：广东旅游出版社，2014.